透過本書

與您結緣

讓我們互為彼此的貴人

Action 行動、Bright 照亮、Continue 持續

Action 立即行動

掃描QR Code到「互為貴人登錄頁」

你可以獲得

1.Action：立即收到阿寶哥的黃金問候信
2.Bright：獲得黃金人脈Ｂ計畫成長資訊
3.Continue：互相照亮，讓我們互為貴人

互為貴人登錄頁

互為貴人

網址：ABoCo.com/Action

完成登錄加贈「知名鍍金術 - 擦亮人脈精華版」線上演講課程。

把陌生人變貴人

阿寶哥教你 平民翻身的人脈學！

ABoCo沈寶仁 ◎著

序 /

　　每個人都有機會成為您的貴人，您掌握住每個機緣嗎？

　　一位默默無聞的電腦工程師，能夠被 JCI 國際青年商會栽培成為台灣總會副總會長，宏碁集團創辦人施振榮先生聘任為十大傑出青年當選人聯誼會副總幹事、與新聞主播哈遠儀小姐共同主持十大傑出青年頒獎典禮，股市教父胡立陽先生推薦到世界華人講師聯盟並成為秘書長，創業後名片管理人脈經營的方式榮獲國家發明專利，並受到五十多次媒體報導，出書後能獲得上述貴人與城邦出版集團何飛鵬社長、台灣大學陳維昭校長聯名推薦，全賴「ABC人脈經營學」。

　　平凡人轉型達人的過程中最需要的就是客人與貴人，有源源不絕的客人，可以讓業績興盛，有幫助支持的貴人，可以獲得更多資源來壯大轉型！「ABC人脈經營學」就是將陌生人轉換為客人與貴人的最佳方法！

　　客人與貴人從何而來？地球有 70 億人口，如果連見過面、換過名片的人，都沒有辦法變成我們的客人或貴人，那　我們還能期待誰呢？

　　珍惜每張交換名片而來的陌生機緣，透過「Action 行

動、Bright 照亮、Continue 持續」三個步驟，幫助我們獲得更多客人的支持與貴人的提攜。

　　本書與傳統的人脈經營書籍有很大的不同，不必喝酒應酬，就可以建立好人脈；透過書中提到的好方法與選對好工具，讓你只需花 20% 的時間，就可以輕鬆經營 80% 以前沒有時間關心的朋友。同時，書中也分享如何透過定位，響亮你的達人品牌，從此優質人脈自然來，最後透過經營貴人圈，與更多值得深交信賴的各領域達人在商務貴人圈互為貴人，開創非凡人生！

　　「找到定位、貢獻價值、分享宣傳、持續做到！」這十六個字是本書的核心價值，期待透過書中的經驗細節，幫助更多和我一樣不善喝酒交際應酬的朋友，能因此被貴人提攜，走出自己的康莊大道！

目錄 CONTENTS

序
前言

第一章　建立知名度，讓貴人聽過你

在你的人脈圈建立知名度 / 014

自我介紹，打響知名度的第一步 / 021

價值是建立知名度的核心關鍵 / 029

五個將個人價值廣為宣傳的數位管道 / 037

設計一句呈現你價值的響亮口號 / 046

第二章　建立個人品牌並善用工具，讓貴人找上你

提升知名度的四大隨身法寶 / 058

把價值發揚光大就能成為個人品牌達人 / 066

信任感是貴人認同你的關鍵因素 / 075

第三章　定位決定地位，你就是自己的貴人！

定位！反敗為勝的自我定位術 / 084

善用自己的優勢定位脫穎而出 / 093

列出自己的金氏紀錄，找到人生定位 / 100

定位＋宣傳可讓知名度鍍金 / 110

第四章 黃金人脈Ａ計畫！
把名片放入你的貴人聚寶盆

Ａ計畫 Action 行動 / 120
名片管理三大重要動作和拆解 / 131
名片建檔的三寶欄位以及注意事項 / 131
名片管理Ａ計畫三動作拆解 / 132
利用 OnlyYou 建立你的貴人資料庫 / 142

第五章 貴人經營Ｂ計畫！
累積貴人就是這麼輕鬆

Ｂ計畫 Bright 照亮 / 156
讓貴人不反感的無痕式行銷 / 163
每一次照亮，都在建立一次微信任 / 170

第六章 名片管理Ｃ計畫！
使自己成為別人的貴人

Ｃ計畫 Continue 持續 / 182
把未來的夢想印在名片背面 / 191
打響知名度的捷徑 - 出版你的專業書 / 197

第七章 經營人脈貴人來！一起拉入貴人圈

開始行動！覺得阿寶哥幸運嗎？我們一起開始ＡＢＣ！ / 210
ＡＢＣ計畫最佳範例 阿寶哥的貴人一路響叮噹 / 217
ＡＢＣ計畫最佳範例 把各領域達人拉入貴人圈 / 224

前言

　　每個人都希望能夠受到貴人的提攜，但是地球有 70 億人口，如果連見過面、換過名片的人沒有辦法變成你的貴人，我們更不能期待沒有見過面的人！

　　有一句話說：「百年修得同船渡、千年修得共枕眠。」我補充說：「十年修得換名片！」這輩子有機會和人換名片，是上輩子共修了多少年的福分呢？換完了名片，你是重視每位有緣人，好好珍惜每張名片，讓彼此可以因惜緣共創更大價值？還是隨手丟著、或用橡皮筋把換來的名片捆起來，這一輩子再也不會有機會照亮彼此，失去互為貴人的機會呢？

　　我是一位喜歡「向人學習」但不喜歡「與人交際」的電腦工程師，做起事來很有熱忱願意付出，但是私下應對時卻直來直往，記得年輕時參加青商會等社團活動，舉辦社區公益活動訓練自己的能力，但慶功晚宴時總是感到很不自在，希望快點回家打電腦的阿宅。這樣特質的我，在人生中卻可以遇到許多貴人提攜，甚至是被知名電視新聞主播哈遠儀小姐稱為製造貴人的專家！關鍵在哪裡呢？

　　一天換一張名片，一年至少可以換 300 張，30 年的職場生涯，最少可以累積 9,000 張名片，您一生中僅有 9,000

次成就客人與貴人的機會，您會珍惜這 70 億分之 9 千的難得機緣嗎？

　　一般人換名片會先篩選人脈，只聯繫位階較高或跟自己目前工作有關的朋友。但我們很難預測那一天雙方的職務異動或升遷，若能提早先建立人脈關係，往往有你想像不到的好事發生，而且比我們年紀小的大學生，說不定將來哪天也可能成為我們的貴人。

　　記得有一次應邀到電視節目與觀眾分享大學生的人脈經營術，提供給我分享素材的就是多年前換過名片的文化大學二年級學生莊友淳同學，一次因聽演講交換名片結緣，透過 ABC 人脈經營法，我們持續照亮、保持互動，後來還介紹他的外公也是知名的中醫院院長給我認識，給予我很大的支持，兩人都成為我的貴人。

　　也就是說，一位專業的水電工，他可能認識豪宅的屋主，有可能成為房屋仲介或是銷售遊艇業務員的貴人！當然，一位在公園幫忙掃地的老先生，也有可能是你或你家人的貴人，因為他的兒子，可能就是住在公園對面豪宅的醫生；一位在餐廳打工洗碗的中年婦人，也可能因為你對她好，她信任你，進而轉職成為幫助你照顧家裡長者的好

員工、新家人。

「把陌生人變貴人」不需要高明的技術或人脈手腕，只要一個真誠的心，珍惜每位有緣結緣的人，透過「ABC黃金人脈經營法」就可以長期累積，互相照亮，把陌生人變貴人！

找到貴人後，再透過人脈圈來串連貴人，讓貴人在貴人圈中互相貢獻成長，這是經營貴人的最高境界，如此才能長長久久，人生就無憾了！

當發現「ABC黃金人脈經營法」不僅幫助不善喝酒應酬、工程師特質的我可以因客人的支持而創業，讓業績成長，因貴人的提攜讓人生更豐富。持續累積的人脈資源與創造出的個人品牌價值比花很多時間在經營人脈社團的朋友還高的多，我開始透過演講與授課幫助更多人了解ABC人脈經營的精隨，透過金氏紀錄定位術找到人生的價值，讓「專業價值貢獻客人，附加價值吸引貴人」，平凡人也能翻身成為專業領域中的達人，因而改變了人生！

感謝城邦布克文化讓我有機會除了演講，也能透過出版書籍快速散播善知識，分享「ABC黃金人脈經營法」已經從我的事業變成志業，我好像是一位ABC傳教士持續向

世人述説「經營好人脈不用再靠喝酒應酬了！」，期待透過本書與更多希望經營有意義人脈關係的朋友結緣，透過心靈相契，讓我們互為貴人！

第一章
建立知名度，讓貴人聽過你

在你的人脈圈建立
知名度

　　當紅的正妹藝人和陌生人經過你身旁，你會注意到哪位？

　　家喻戶曉的電視主播和發言鏗鏘有力的鄰居，誰的言論會受到比較多的重視？

　　每個人都有自己的專業，差別只在於你的專業有沒有讓人看到並受重用，而知名度便是輔助這一切的重要工具。

　　我們都知道人際關係的重要性，卻往往忽略了人際關係中還有一項很重要的就是知名度，也就是讓更多人認識「我」，知道我，「認識」的人多，不代表是你的人脈，「人脈」二字的關鍵在於你的能力能否受到這些人的認同，如果你的能力只有你跟你的家人知道，你或許可以當個稱職的家長；若把你的能力讓整個社區、鄰里都知道，那麼當選里長的機會就大增。

知名度能做些什麼事？

　　而要擁有多少財富，就要看有多少人知道你。認識你的人愈多，就愈容易創造財富，去做你想做有能力去做事。

　　知名度是很多人認識你，指名度則是當別人一想到某個專業領域，就能聯想到你，凸顯你的專長。

　　知名度可以幫你倍增有形的金錢財富，以及無形的人脈財富。有了知名度之後，你就可以接續打響個人品牌、提升指名度，吸引貴人來相助，也能自己變成別人的貴人、幫助他人。

　　知名度能幫我們什麼？

　　1、知名度的高低會影響大家的注意力。

　　2、知名度不夠，會缺乏說服力跟影響力。

　　3、核心價值愈高，愈能做你想做的事。

　　4、認識你的人愈多，就愈容易創造有形和無形的財富。

　　5、擁有指名度，成為專門領域中推薦人選的首選。

　　6、建立知名度時，請把「心」帶著。用心、熱心、真心、以及良心，請把這四個重要的關鍵心都能謹記在心。

你是否曾想過，為什麼自己遲遲無法發亮呢？是因為沒有貴人幫你推薦、提攜嗎？如果是，你知道為什麼沒有貴人願意來幫你？

關鍵就在於：你在他們的心裡並沒有所謂的知名度。

建立自己的知名度，然後把它鍍金，讓自己發光發熱，你就可以讓自己大賣。而且不只是你自己得名得利，同時也會讓你的理念、精神，常在每個人的心裡。

什麼叫知名度？維基百科說：「知名度是指個人或事務在社會上被大家認識的程度。」也就是說你被人家了解多少。當更多人認識你、了解你，你的知名度就會愈高。

知名度會決定你的影響力

知名度會引發一些連串的連鎖效應。首先，知名度的高低會影響大家的注意力。如果今天正在開會，老闆在上面侃侃而談，這時如果走進來的是遲到的同事，大家可能抬頭看一眼就算了，但若是換成林書豪忽然走了進來，大家的目光相信一定會緊盯著他不放吧？這就是知名度的高低影響了大家的注意力。

其次，如果你的知名度不夠，便會缺乏說服力，言語

的影響力也會不如預期。每個人都希望自己有很好的說服力跟廣大的影響力，但是老實說，如果你的知名度不夠，即使講的話再有道理，也沒有人會聽。

再舉個例子，兩個人談教改的主題，一個是隔壁鄰居的老王，他的理念很正確，並且能夠引經據典、講的頭頭是道，但另一個人是嚴長壽先生，他只簡述了一兩句話，請問誰會得到比較多的重視？雖然可能隔壁的老王對於教育改革，有更多的認知跟見解，但是就是因為知名度不夠，缺乏說服力跟影響力，所以發言被大眾忽略了，而嚴長壽先生因為知名度高，同時對於社會也有高度的關懷，這個好的知名度也提升了公信力，往往他說的話也引起廣大的迴響和討論，所以說，知名度帶來的影響遠超過你的想像。

我希望大家可以透過本書中說明的方式與技巧，擦亮別人看你的眼睛，以專業加上知名度展現你的不凡，來彰顯你也有造福人群的價值和能力。

知名度可以改變你的人生

發明相對論的愛因斯坦，因為他的知名度和專業，而改變了全世界；賈伯斯，他的專業就是在電腦上的創新，

他研發了 iPhone、iPad，利用他的專業再加上知名度，改變了未來的生活，塑造了嶄新的認知，同時贏得許多忠實的追隨者，這就是專業加上知名度所帶來的影響力。

郎朗也是一個值得提出的代表，不過或許你會質疑，音樂家、鋼琴家那麼多，為什麼我會特別選擇郎朗？其實就是知名度。郎朗有一定的音樂專業，但其他音樂家的專業程度也不差，甚至更高，不過我會挑郎朗的原因，是因為他在網路上的知名度，比其他的音樂家都還來得高。

為什麼？因為他出了一本書叫《郎朗：我用鋼琴改變世界》，這本書上了網路，就變成一個關鍵字，所以當我做相關的研究時，曾搜尋網站利用「改變世界　知名度」關鍵字搜尋，剛好郎朗就在第一頁。

這個是一個很有趣、值得研究的一個話題，或許我們應該反過來思考，該如何運用現代的網路科技、搜尋的科技，讓自己的知名度可以比其他競爭者更容易被找到？這真的是個迫切的問題。

利用知名度提升指名度

地球有七十億的人口，有多少人知道你的存在跟價值

呢？如果我們的專業與價值，只有我們的家人知道，那你可以適任的當個家長；如果你的專業和價值，在你所居住的社區、鄰里都知道，那麼你很容易就會當上里長；而如果你的專業在美國工作事業發展的十分順利，很多美國人都知道你、支持你的話，要去競選美國總統，也不是不可能的事。

所以有多少人知道你的存在跟價值，就決定了你的影響力有多少。

有一句話說，要擁有多少財富，就要看有多少人知道你。每個人都希望有足夠用的財富，但要擁有這些錢，試問該有多少人認識你才辦得到？認識你的人愈多，就愈容易創造財富。

當你擁有「讓自己有知名度」這個技能以後，就可以讓自己成為專業領域中，被別人推薦的最佳人選。如果你學會這個技能，就可以打響你的個人品牌、提升你的指名度。

知名度跟指名度不一樣。知名度是很多人認識你，但是老實說，認識你又有什麼用？最重要的還是透過知名度，把自己的個人品牌打響以後，成為所屬領域中人家推薦人選的首選，這就是指名度。

建立知名度需要擁有四顆必備的心

不過在建立知名度的同時，我希望你能擁有四顆必備的心：

首先是**用心**，唯有用心在你的事業上，你才可以展現你的專業。

接下來需要**熱心**，因為展現專業、貢獻價值給大家是需要熱心的，唯有透過你的熱心、熱忱，才可以造福人群。

再來就是**真心**，只有真心才會打動人心，虛偽和虛假的態度，很快就會被人看破，所以請獻出你的真心，這樣才會被人信任。

最後是**良心**，良心可以讓你安穩放心，知名度有時候建立的很快，有人一夕爆紅，但忽然一個負面事件，被人發現你在欺騙，這時你的良心不安，就會沒辦法安穩放心的衝刺。

所以建立知名度的同時，請把這四個重要的關鍵「心」都能謹記在心。

自我介紹，
打響知名度的第一步

　　到目前為止，你曾做過幾次的自我介紹？有沒有想過，這些自我介紹的目的為何？當你在自我介紹時，是否經常變成冷場王？你又可曾因為面對不同的場合、人們，更動你的自我介紹？你滿意自己的自我介紹嗎？

　　其實自我介紹的內容是可以經過設計的，讓你拿著麥克風時，就能夠很從容、很完整的把自己的優點呈現出來，然後贏得全場的注目與掌聲，也包括了你的未來貴人。

　　如何設計出一分鐘／三分鐘的自我介紹？有三個祕訣：

1、從親和力的綽號和英文名字來設計。

　　利用親切或有趣的方式來介紹自己的名字，能讓大家容易記憶，即使過了一段時間，也會記得你是誰。

2、利用名字的聯想和小故事加強記憶。

　　準備相關的趣事或小典故，正所謂「瓢蟲有點、樹葉有梗」，有劇情、有創意的串場來輔佐內容，可以令人印象深刻。

3、去蕪存菁之後再三練習。

不斷自我練習以及隨時修改成最適合的內容，務必達到在自我介紹時從容不迫、完整的將自己呈現，更容易被信賴。

自我介紹影響著此刻與未來

其實不論求學、社團、聚會、聯誼、拜訪客戶，甚至面對新鄰居，自我介紹的機會真的遠比你想像中的多。由於接觸到的人類型不同，自我介紹的內容一定要略作更動，經過設計的自我介紹，不僅可以讓人為你留下良好的第一印象，無形中更可以開拓自己的未來，吸引貴人注視你的目光。

如果你這時還覺得自我介紹不重要，那麼你可就已經在起跑點上輸了一大截，日後可得要花更多的工夫才能彌補回來！除非，你一輩子都不想出人頭地，甘心做個隱形人，默默的將自己的價值隱藏，將無法發光發亮。

不過雖然現在大家都知道自我介紹很重要，但是如果今天立刻遞給你一支麥克風，請你馬上自我介紹，你有多少的自信在講完之後，讓在場的所有人都留下深刻的印

象？

　　一般人很少會先想好自我介紹內容，更別說精心設計安排演練自己的自我介紹了，通常都是輪到自己的時候，想到什麼便講什麼，可能講完之後連自己都忘了自己說過什麼，但更要命的是，別人應該聽完也忘了。

　　特別是在團體活動中，要大家輪流自我介紹，介紹完了以後，就會開始選小組長、相關幹部。你可曾思考過，為什麼有些人自我介紹完以後，沒有人選他出來當代表、幫團體做事，然後幾天活動結束了，甚至沒有人記得他參加過這個活動。

　　其實會有這種「後果」，除了參與活動的積極度之外，主要的關鍵在於活動一開始時的自我介紹，有沒有經過精心設計，經過設計的自我介紹，將會為你帶來好人緣，並贏得所有人的信任。

　　精心設計是個重要的關鍵，不過隨後還需要再三練習、去蕪存菁，如此當機會來臨時，才能手拿著麥克風，很從容、很完整的把自己呈現出來，然後馬上贏得注目與掌聲，把自己和他人的關係連接起來，為自己的人際關係鋪陳一個美好的開始。

從親和力的綽號和英文名字下手

至於如何設計自我介紹？現在就以我自己為例子，讓大家知道該如何來準備與企畫自我介紹，而且保證大家聽了我的自我介紹以後，一輩子都不會忘記我沈寶仁、阿寶哥的存在。

我叫做沈寶仁，不過我知道即使我再厲害，沈寶仁這三個字講再多次，大家還是一樣會忘記我的名字。於是我便開始思考，該如何找一個大家比較容易記得的外號，最後決定就叫做阿寶哥，原因之一，因為這兩個名字裡面都有個「寶」字。

為什麼要有一個這樣的稱呼？因為叫起來才比較親切，就像是我們總會叫朋友老王、小李而不連名帶姓，因為這樣除了比較親切，也容易記憶。

除了精挑細選了外號，我還有個英文名字 ABoCo，在自我介紹時，我會提到這個英文名是我自創的，英文字典上還查不到，然後，我會教大家一起唸 ABoCo 的發音（跟阿寶哥的發音是完全一樣的）。

ABoCo 是由英文字母開頭的 Ａ Ｂ Ｃ 三個英文字母所組合而成，至於中間還有兩個 O，則像是我是帶著一副眼鏡

的模樣，十分符合我的形象。也十分希望未來英文字典有這個單字，讓 ABoCo 的精神愈加發揚光大，照亮更多人。對了，不知道大家有沒有取英文名字？如果還沒有的話，建議選擇 A 字開頭的最佳。因為 A 是英文名字的第一個字，而英文字母的先後次序，是會影響到與我們息息相關的排序問題。

例如今天參加電腦展，當大家贊助的經費都一樣多的時候，請問在名單上，哪一個參展廠商的名字會排得比較前面？一般的贊助名單都是用英文字母排序，所以宏碁 ACER 就會排在華碩 ASUS 之前，但是如果這時我也去參展，而我的電腦品牌就叫做 ABoCo 的話，我的排名就會排在 ACER 的前面了。

這就是一個 A 字開頭的好處。相同原理，為什麼 3M 的商標這麼顯目？因為若是按照英文字母排列，阿拉伯數字會被排在所有英文字母的前面，所以「3」M 不醒目都難。

所以我有一個朋友姓劉，他希望人家叫他 6 先生，為什麼？就是因為 6 在手機通訊錄上可以排名在很前面，甚至比阿寶哥 ABoCo 更前面，所以這個排序便顯得非常重要。

利用名字的聯想和小故事加強記憶

此外，我在自我介紹時會一直提到「阿寶哥」相關的梗，讓大家強迫記憶。例如我會提到我有一個聽聲辨人的特異功能，就是當我聽到你叫我的名字時，我就會知道，你的年紀到底比我大還比我小。

其實江湖一點訣，說破不值錢。因為我是一九七○年出生的，年紀比我大的人就會直呼我阿寶，當我一聽到這樣的稱呼時，就會知道對方比較年長，這時我的服務就會特別好、特別勤快，因為要敬老尊賢。

而如果比我年紀小，對方就會稱我為寶哥，當我聽到這樣尊敬的稱呼，我的服務也不差，因為對方很尊敬我；至於若是聽到有人叫我阿寶哥，我就會直覺我們是同年齡的，相處起來則會很麻吉。

不過大家雖然可以隨便叫我阿寶、寶哥或者是阿寶哥，但是我的名字中有一個專屬「寶」留專用單字，這個單字不給別人亂叫，沒錯，我是留給阿寶嫂專用的。

以上就是我所設計的自我介紹內容和經過，你還記得我提過什麼嗎？現在馬上來個小考：你能將我的外號、英文名馬上順口說出來嗎？別驚訝於你的記憶能力，通常大

多數人都能立刻回答出正確答案的。

好的自我介紹能讓你直上天堂

至於經過設計的自我介紹，曾經帶給我什麼好處？舉個小例子給大家知道。

我畢業於淡江大學，淡江有二十二萬名校友，但是我居然可以當到校友總會的副祕書長，你知道我是怎麼辦到的嗎？

其實我畢業了將近快廿年了，還沒有機會參加校友會，還好幾年前經由朋友的介紹，讓我進入了校友會，加入會員後，得讓大家認識你，於是便有個自我介紹時間。

關於自我介紹，我很多個版本，有三分鐘版，也有一分鐘版，甚至有十分鐘的版本。那次由於時間的關係，我便拿出一分鐘版本的自我介紹內容，介紹自己給大家認識。

「名片管理找寶哥，人脈錢脈都收割；倍增客人與貴人，一定要找沈寶仁。」我總是會拿我的 Slogan 當開場，接下來便會介紹我的工作以及因應場合的簡單案例。

在講完一分鐘的自我介紹以後，台北市校友會的羅森前理事長，覺得我這人滿有趣的，於是在會議結束之後，

主動來跟我換名片。而有了好的開始，之後我透過ＡＢＣ人脈經營法持續照亮羅理事長，不久後羅理事長當選校友總會總會長，我也就如同搭乘直昇機般的空降成為校友總會副祕書長，並有機會被安排到淡江大學管理學院週會對1600多位學弟妹演講，締造我演講生涯的另一項金氏紀錄。

所以說，自我介紹內容好的話，就會在人心中留下深刻印象，讓人想要認識你、與你交換名片等行為，這也是打響知名度的祕訣之一，好的自我介紹能讓人留下印象，更可以贏得信任，更有著能為知名度加分的效果，所以，精心設計的自我介紹是很重要的。

至於換了名片之後，並不代表你就擁有了這個人脈，而接續該有三個重要的動作——名片管理ＡＢＣ計畫，這樣你才能把換名片的有緣人，變成我們的客人跟貴人，這些內容都會在後續的內容中詳細告訴你。

價值是建立知名度的
核心關鍵

　　知名度是重要的，這個道理眾所皆知，但是如果沒有貢獻他人的價值，再高的知名度都是短暫！所以在擁有知名度之前，你必須要先擁有被利用的價值。

　　然而價值從何而來？或許你會覺得擁有能貢獻的價值更難，其實價值分為兩種，一種是專業的價值，利用你的專業能力貢獻他人，服務有需求的客戶；另一種則是附加價值，舉手之勞、生活的小事，或是資源的整合，只要願意做、主動做，都能成為你的附加價值，並拉近朋友與你的關係。

 ## 如何找到你專屬的價值？

　　如何找到你專屬的價值？可以從下列三點著手：

1、專業價值，你所從事的工作內容。

　　例如：保險業務員可以透過保險的專業知識，協助客

戶選擇適合自己的保險；名片管理軟體設計師，可以將名片管理的專業分享給不會名片管理的朋友。

2、附加價值，日常生活中的專長。

例如：公司聚餐時利用數位相機幫忙拍照，然後分享給長官和同事；上課時勤做筆記，之後整理貢獻給同學使用。

3、善加利用生活經驗轉成附加價值。

附加價值無所不在！例如快遞員熟悉地形，最後可以帶朋友到該區域來個小旅行。

🤝 專業價值在於你的學校所學與工作技能

建立知名度的核心，關鍵就在於你的價值！如果希望有影響力、有知名度，首先便要想辦法增加可以貢獻出的價值，至於這個「價值」可以指兩方面，一種是專業價值，另一種則是附加價值。

第一種價值——專業價值，基本上你學校所學或目前從事的工作技能，便可稱作為自己的專業、可以貢獻出的價值。例如若是從事業務方面的工作，像是保險業務員，

便可以把保險的專業知識，貢獻給需要這種保障的人。

　　至於我的專業價值是什麼？我擁有一家名片管理軟體的公司，所以我的專業價值，就可以貢獻給需要名片管理的人們。

　　三百六十行，術業有專攻、行行出狀元，但是我知道有一種行業的專業價值，是這個社會所需、但卻從來沒有人希望在認識這個人之後，馬上讓他享用到他的專業價值。你知道這是什麼行業嗎？

　　沒錯，就是殯葬業。

　　有一次我去龍巖人本演講，便跟他們提到這個價值觀。

　　「老師，我在這個行業工作，有時候去參加朋友的婚禮，我的朋友都會事先提醒我，要我千萬不要在這邊一直換名片，因為怕觸人家的霉頭，所以我們的專業價值，真的能貢獻給別人嗎？」裡頭的同仁十分懷疑的問著。

　　請相信自己，真的是可以的，雖然每個人都需要殯葬業的專業服務，讓自己人生的最後一程辦得風風光光、一路好走，但是卻不希望馬上用到。不過這樣的話，從事喪葬禮儀的人，要怎樣才能夠跟人家交往、交流呢？

　　還好在專業價值以外，還有一種價值叫做附加價值。

附加價值從日常培養與建立

就如同我從事名片管理的工作，但是我也很明白很多大老闆認識我，並不是因為他們需要名片管理，老闆們本身就有專屬的祕書來幫忙這件事了，那麼我是如何跟這些大老闆建立連結的關係？

我就是透過我的附加價值。

我很喜歡用照相機記錄生活，每到一個地方或參加社團的活動時，都會拿著相機幫大家做記錄。例如當活動中有大合照的時候，我就上前拍一張；大會主席致詞的時候，我也幫他拍一張；當有頒獎的時候，我會幫頒獎人跟受獎人合拍一張；而有貴賓邀請 VIP 上台講話的時候，我也會在一旁拍照。

在社團裡，透過這些留念的照片貢獻給我的朋友們。這就是我的附加價值，而且當這種拍照習慣長久之後，大家都知道我很會照相呢，所以，附加價值就是一種舉手之勞的生活小事。

記得社團二十周年慶的時候，活動辦得很盛大，當時我只是剛加入社團的小會員而已，不過在活動的前一天，社團的社長居然親自打電話給我：

「阿寶哥，明天是我們一個很重要的二十周年慶日子，我很希望你能夠來參加這個慶典。」

社長親自打電話給我這個小會員，是希望我能夠參加讓活動蓬蓽生輝嗎？當然不是，他是希望我能去會場幫大家照相，因為他知道我很熱心、拍照品質也不錯，更重要的透過我電腦工程師的專業，可以快速整理好數位照片，立即上網分享宣傳。

這就是我的附加價值發光了，讓社長會想起我、打電話來請我參加活動。而由於這次的互動，又讓這個附加價值提升，讓我跟社長有進一步的關係，所以說，專業價值貢獻客人，附加價值吸引貴人。

多利用無所不在的附加價值

你有沒有找到你的附加價值呢？

我們要想辦法找到很多的附加價值來貢獻、被人利用，舉幾個例子讓你思考一下。

你聽過「班抄」嗎？不是漢朝出使西域的班超，而是在班上抄筆記的班抄。在大學時代，這個班抄如果上課時抄得很快、很詳細的話，基本上他的成績會很好，如果班

抄願意把自己的筆記貢獻給班上的同學，相信同學們也會很感謝他，連帶的他的人緣也會變得很好，這就是班抄因為記錄速度又快又好所產生的附加價值。

再舉一個例子。

有時候我受邀到扶輪社演講，演講之前常會有些社友來跟我打招呼，明明他不是負責招待講師的幹部，但就是會主動來跟我換名片，然後到活動場地旁的自助餐點，拿一些水果跟小蛋糕送給我，請我先用。

這些水果、蛋糕，需要他自己掏腰包去買嗎？不需要的，他需要的只有主動服務的熱誠，並把它變成他的價值來貢獻給我，讓講師對他印象深刻，並創造更多交流的機會。

所以附加價值是無所不在的，我們要多善用無形的附加價值。

把生活經驗轉換成專屬的價值

我記得有一次到新竹的一所大學演講，講完之後，馬上就有同學 A 寫信給我。他提到目前學習的專業價值只對以後上班的公司有用，而且他不會抄筆記，他當不了班抄，

也不像阿寶哥一樣會照相，不知道該如何發掘自己的附加價值？

同時，在我官網的留言板上，有一位同學B的留言。

同學B說，他在麥當勞做過外送員，負責的範圍是新竹園區與清大的地區，那附近因為外送的關係，可算是十分熟悉，所以如果我下次想到新竹玩，他很樂意當嚮導，帶我到處玩透透。

同學B看來似乎是寒暑假時到麥當勞打工，他的價值不在於怎麼做漢堡、炸薯條，而是騎著摩托車外送，但是他透過騎摩托車外送，認識了每條大街小巷，而這就成了他自己的附加價值。聽完我的演講之後，他正準備將這些經歷貢獻給我，藉此也與比他大二十歲的講師產生連結。

看完這則留言後，我的心中充滿感動。心想，如果有一天又受邀到新竹演講，中間剛好有空檔，我會不會想找同學B請他帶我去逛逛新竹？而在帶我遊玩的過程中，我一定也會跟他分享最近研究的一些心得，他貢獻導覽時間，我貢獻專業知識，價值交流，互為貴人！

為什麼同學B可以跟大他二十歲的講師產生連結呢？是因為他找到他的價值，而且願意付出並立即行動，這個價值不是他的專業價值，而是他的附加價值。

有了同學B的回饋，於是我回信給同學A。我在信中寫著，學生最多的就是時間，課業的壓力雖大，但沒有什麼工作壓力，這時把時間轉換成可以貢獻他人的價值，這便是在大學時代能夠擁有不同經歷的重要關鍵。

　　每個人一天都有二十四小時，只要把時間轉換成可以貢獻給他人的價值，也是另一種附加價值。例如若是會開車，是否可以幫講師開車，或者接送講師到高鐵？甚至多一頂安全帽，都可以成為騎機車載講師到車站的重要保障……，有很多身邊的資源，其實都可以拿來當貢獻人家的價值。

　　知道了價值的概念以後，我們一定要從自我身上，發掘出自身很多的專業價值跟附加價值，以便藉此建立讓人印象深刻的知名度，而當你已經有了專業價值和附加價值之後，這時就該讓更多人知道你的能力所在。

五個將個人價值廣為宣傳的
數位管道

即使你有被利用的價值，但卻無法讓更多人知道，那麼被重用的機會就會變少！

每個人都希望遇到很多貴人，每個人也都希望能被人提攜，但是如果沒有把自己的價值讓更多人知道，即使很優秀，也會跟千里馬遇不上伯樂一樣，毫無用武之地。

所以現在最新的重點已不在於你有多優秀、有多少價值的關係，而是別人知不知道你的價值與貢獻所在！

🤝 如何透過數位分享你的附加價值？

舉個例子來說，參與演講或研討會後，要把自己的學習心得透過如何數位分享為你的價值加分？

1、寄給活動的講師或主講者。

與講師教學相長，你的心得或提議可能會幫助了講師也幫助了你。

2、寄給在場有交換名片的人。

　　每人的看法和領悟不同，說不定你的心得對他而言如同當頭棒喝，讓他不由得不感激你。

3、放在自己的部落格或臉書上。

　　一個人參加活動或講座，卻可以讓更多朋友得利，這時你就可能變成朋友們的貴人。

4、貼到講師或主講者的網站。

　　利用講師的名氣和官網的人氣，使得你的心得分享讓更多人看到，讓這些網路上的過客變成以後的貴人。

5、創造數位口碑。

　　前面四項其實都圍繞著「口碑」，不僅為講師創造，也為你自己而創造，這樣好的循環將會帶來多贏的局面。

不要成為坐在「價值」黃金堆上的乞丐

　　我們都曾當過學生，一定多多少少都抄過筆記，但是當你抄完筆記、在拿到學分畢業以後，那本筆記本怎麼處理？很多人都會丟掉，我建議大家要有環保概念，至少也要資源回收，起碼不會讓你辛苦抄寫來的筆記成為垃圾。

至於要如何將已經無用處的筆記轉變成貢獻？下面有個例子或許可以讓你思考一下。

　　在一次的保險公司演講之後，有位該公司的員工Anita，很快的就把內容和心得寄到我的信箱，跟我分享。

　　Anita說，在這次的演講中，要擁有附加價值、還要廣為人知才能讓貴人記住自己的觀念，讓她很受用，她自己則有一個小小的經歷，想跟我分享。

　　在求學的路上，學藝股長跟筆記公主就是她的代名詞，能當上「班抄」，代表她的附加價值就是筆記抄得快、而且願意貢獻給別人，所以同學們才會送給她這個封號，所以說她很早就已經找到自己的價值，但是所謂的貢獻呢？

　　她說在大學的時候，修的課程是中國史跟西洋史，兩科的老師是同一位，她在大學畢業的時候，便把兩年所手寫的課堂筆記，集結成冊送給老師了；畢業以後每年還會寫教師卡、打電話問候老師保持聯絡，如今這位老師不僅是她的恩師也是客戶，而且時至今天，老師還常常跟她提起那本親手抄寫的上課筆記本。

　　Anita做了最好的示範，她把上課的筆記裝訂成冊然後送給老師，不僅讓已經無用的筆記，做了最好的處理方式，也讓老師保留了課堂上的價值與回憶，這一分禮感受在心

裡，自然是最無價之寶。

　　每個人都擁有各式潛藏的價值，但是大部分的人都是坐在價值黃金堆上的乞丐，我們有這樣的價值卻不知道怎樣拿去貢獻人。所以期待每個人，都可以找到自己的價值，不管是你自己專業的價值，或是附加的價值，並且找到以後就要記得貢獻出來。

價值廣為人知的第一數位管道：寄給講師或主講者

　　大家都知道價值一定要廣為人知，才可以讓更多人知道、幫助到對方。以聽講座為例，很多人聽了演講之後，多少都會有些心得，這些心得有些人會筆記下來，也有人會利用簡訊或網路來傳達。

　　以講師的身分而言，我很喜歡收到同學們的 E-mail，或在我的網站留言給我。

　　我雖然不是專職的講師，但是每一場都很用心的講，這些寄 E-mail 或網站留言的同學，都會先謝謝我的演講，然後告訴我他們在聽演講時最有感覺、最有幫助的一句話。而當我看到這些回應之後，便會把這些資訊蒐集起來，把

大家喜歡演講中的某一部分，找更多的教案來輔助，做更好的詮釋跟襯托。

因為收到很多學生對我的回饋，所以我的演講內容就會愈準備愈精良，愈符合大眾的需求。這樣的良性循環結果，讓我和來聽演講的人都互為貴人，也使我的演講愈來愈受歡迎，我感謝寄信與留言給我的同學們。

很多人都希望最好有名望的人，可以變成我的貴人，不過最好的方式是你先做他的貴人，聽講者和主講者的互動，也可以建立在這層關係上。

價值廣為人知的第二數位管道：寄給有交換名片的人

如果參加講座、課程卻不認識隔壁的人，就等於放棄現成的貴人！

地球上這麼多人，能有機會坐在你旁邊已經算是很不容易，但是你卻沒有辦法變成他的貴人，這就代表你疏於關照人際關係，並且沒有貢獻價值給他人，所以千萬要記得，在參加活動或講座時，一定要跟左右兩邊的朋友換名片。

而換了名片之後，也別忘了在活動結束之後，就立刻把活動或上課的心得寄給對方，因為每個人對於活動或講座的內容領略不同，你把自己的心得分享給交換了名片的朋友，當他看了內容之後，或許讓他恍然大悟、領悟到不同處，這時他會感謝誰？除了講座、課程的老師以外，他還會感謝你。

小小的分享舉動，或許就會換來貴人在旁。

價值廣為人知的第三數位管道：放在自己的部落格或臉書上

大部分的人都是自己一個人、三兩好友或同事一同去參加講座、活動，多數的朋友沒有跟你一起來參與，於是你便可以把活動、講座中的內容資訊，透過你的部落格或臉書，分享給他們。

當朋友因為看了你的部落格、臉書而有所收穫，他便會感謝你的好心，下次再訪你的部落格或在你臉書上按讚將會更容易，因為你無私的貢獻了你的價值。

價值廣為人知的第四數位管道：貼到講師或主講者的網站

　　一般講師都會有自己專業的演講內容，而這些演講的主題和內容，必定講過數次之多，所以若是拿主題或講師的名字當關鍵字來搜尋的話，因為他的知名度和專業程度，幾乎一定會在搜尋的第一頁出現，就如同大家在網路上搜尋名片管理、人脈經營或個人品牌時，應該在第一頁就會發現我的資料，甚至第一筆就是我的相關訊息。

　　所以如果有人只是搜尋個人品牌，利用名人或講師的名字、關注的主題當關鍵字，點進去後看到你曾在上面分享心得，他可能順帶看到你的名字，那麼下次再參加座談會或某個場合跟你換名片時，就會聯想起當時的記憶，好像似曾相識的感覺。當然這代表說，你在講師網站的留言必須留下在名片上會出現的真實姓名或暱稱。

　　其實這的方法是最高招的。講師因為你的分享心得動作，讓他得到更多的支持與廣為知曉，你也可能會因此變成講師的貴人；而因為講師的網站被有興趣者搜尋，順便看到你的分享，你沾光也讓其他人「知曉」你，講師的網站就變成你讓貴人知道的地方。

所以我很希望大家上述這四項都要做到，而且千萬別以為這是一件很麻煩的事，只要在電腦上寫好內容，然後複製內文，同步寄給主講者、交換名片的朋友、並轉貼到自己的部落格和臉書，以及主講者的網站，就可以達到廣為人知的目的了。

價值廣為人知的第五數位管道：創造口碑

還有一項更有創意的管道——口碑。其實前面的舉動都是在創造口碑，不只幫老師創造口碑，也在幫你自己創造口碑。

有一位想創業的大學生方維湘，他參加了青輔會所舉辦的創業課程（我也是其中的講師之一），課程之後，他把心得 E-mail 給我並還到我的網站留言，另外他又多做一個動作，將心得也貼到青輔會的留言版，分享這次聽課的心得，結果沒想到，青輔會的李允傑主委居然回應了他在網站上的留言。

李主委的留言內容是這樣的：「看到圖文並茂的分享，非常吸引人，希望你也能把這個好資訊，跟周遭朋友分享，

我相信你已經離成功不遠，將來一定可以成為知名歌手。」

大家一定很好奇，為什麼這個大學生在網站上留言分享聽課心得，但李主委卻說到當歌手的事情？

原來李主委在看到他的留言之後，還很細心的連結留言時留下的網址到他的部落格，然後看他寫過的內容，所以才會有這樣的貼心的回應。

這真的很難得，主辦單位承辦了青輔會的活動，一名大學生把這個活動的心得，分享給講師和青輔會，而這個心得又讓主委看到，可證明此活動是有價值的，連帶的青輔會也會對這個主辦單位留下好印象；而被主辦單位邀請的我（講師），因為讓學生有了感想心得，自然也略有功勞，所以這個分享心得的影響不只是對我，對於青輔會、主辦單位都有，是三贏的狀況。

所以當你遇到好的事情時，一定要想辦法讓更多人知道，甚至讓主管機關的領導也知道，唯有這樣才會好事互相循環。而若是大家都不做這個分享的動作，以後說不定活動愈辦愈爛，因為沒有人會反應，就會一直墨守成規、敗壞下去。

設計一句呈現你價值的
響亮口號

在找到自己專業價值跟附加價值之後，接下來就必須用一句話來呈現你價值的響亮口號。

因為如果你不能用一句話來呈現你的價值、而得花上數分鐘才能解釋完畢，這會讓你的潛在貴人或客戶越聽越沒耐性，所以你一定要有這個能力，用一句話就把你的價值呈現出來。

響亮又易記的順口溜（Slogan）如何取？

1，**以姓名作為聯想的出發點**。可以是中文名或英文名當主軸來聯想，觸類旁通成為一句順口溜。

2，**要能結合自己的職業**。例如：「名片管理找寶哥，人脈錢脈都收割！」、「法律問題找冠明，千方百計保障您」。

3，押韻會讓人好唸好記。押韻讓人家好記憶、朗朗上口。例如：「理財找銘隆，全家樂融融」、「理財找素卿，鈔票數不清」。

4，設計的字詞要以正面設想。例如：「認識 Tina 楊，健康美麗不打烊」改成「認識 Tina 楊，健康美麗喜洋洋」。

5，把 Slogan 印在名片背面。一句短短的 Slogan 便能加深對方的印象，把你的價值印在名片上，創造出額外的機會。

Slogan 能讓人擁有被施了魔法般的記憶

我有一個朋友 Cony，他的 Slogan 十分響亮完美，完全可以拿出來作為最佳範例，一句話就可以讓你知道他是可以幫你理財、可以幫你賺錢的理財專員。

Call 我就送你 Money

其實完整的說法是：**我是可以把你的 CoCo 跟 Money 倍增的 Cony**。

Cony 跟 CoCo 有些諧音，而 CoCo 英文的發音就跟台語發音的錢意思一樣。錢的台語是 CoCo，錢的英文是 Money，我本來對 Cony 這個英文單字沒有特別的記憶或定

義，但是因為聽他這樣一講，Cony 在我的心中、腦裡，就有一個印象。

Cony 是在做理財的工作，而且他可以讓你的財富倍增，可能現在我沒有閒錢去找他做投資理財的動作，但是只要這個 Slogan 一直在我的腦海裡繚繞、一直有這個印象，下次我有閒錢時，第一個想到要做諮詢，就會去找 Cony。

一句適當的 Slogan，就能讓人潛移默化的記憶、彷彿被施了魔法般！

接下來再舉我的例子，我的 Slogan 是什麼呢？

名片管理找寶哥，人脈錢脈都收割！

第一句話告訴你，我所從事的行業，服務項目就是名片管理；第二句話則是告訴你，當你找我做這樣的服務，我便可以讓你人脈、錢脈都收割。

第一句話，是我提供給大家的價值；第二句話，則是代表你接收我這樣的服務後會帶給你怎樣的好處，所以一句話就搞定了。

我發現大多數我所認識的人，都已經把我的 Slogan 印在腦海裡，所以當自己或朋友有名片管理的需求時，他們

第一個就會推薦我。

　　但是我發現，大家只知道我叫寶哥，卻忘了我的本名叫沈寶仁；我知道我的名字不好記，所以有了阿寶哥的暱稱，所以後來又幫我的 Slogan 多設計了一個下聯：

倍增客人與貴人，一定要找沈寶仁。

　　名片管理的最完美結果就是會把名片交換的對象變成你的客人和貴人，所以要學會這項名片管理祕訣一定要找沈寶仁。成為上下兩段之後，如果時間有限，就只講上聯，如果時間多一點，就上下聯一起講，讓大家知道我叫沈寶仁。

🤝 有特色的 Slogan 能吸引貴人自動來訪

　　前面提過如何精心設計自己的自我介紹，這時你便可以將這一句呈現你價值的響亮口號，放在自我介紹的開頭，尤其是當自我介紹有時間限制時。

　　當麥克風傳到你手上的時候，你可以一口氣說出你的 Slogan，說完請故意三秒鐘不要講話，讓眾人的目光朝向你，接下來再來說出自我介紹的完美內容，說不定當你一

分鐘自我介紹完以後，就有人想跟你換名片了，而且詢問你工作的性質、怎麼聯絡之類。

一分鐘就能自動吸引貴人的注目，所以 Slogan 的重要性可想而知，每個人一定都要專屬自己的一句口號！

我有一個朋友姓楊，我們都叫她 Tina，她在上過我的人脈達人心法速成班後，立即想出她的 Slogan：

認識 Tina 楊，健康美麗不打烊。

另一位朋友叫 Vicky，她姓劉，她所設計的 Slogan 是：

認識 Vicky 劉，財富不外流。

最後要舉例的是 David，他設計的 Slogan 是押洋韻的：

認識 David 大家 Happy，買賣房子 So Easy。

或許這時你可以思考一下，我和 David，以及 Tina 和 Vicky 的 Slogan 有什麼不同？

有看過《祕密》這一本書嗎？《祕密》在講吸引力法則，心想事成，也就是說，當你的 Slogan 裡強調的是「不打烊」、「不外流」時，你所關注的就會是「不打烊」跟「不外流」，最後就會如你所願，你的人生打烊了也外流了。

所以我就建議 Tina 要改成正面的敘述，她從善如流，便將 Slogan 改成：

認識 Tina 楊，健康美麗喜洋洋。

後來她居然因為這 Slogan，人家都叫他喜洋洋小姐，她的喜氣就愈來愈重。而 Vicky 也改成正面的敘述：

認識 Vicky 劉，滾滾財富向你流。

是不是一轉念就正面了？所以你如果想要價值百萬的 Slogan，請用正面的心態來設計。

另外押韻也很重要，例如「認識鍾金松，股票獲利真輕鬆」、「電腦急救找小賴，維修服務我最快」、「醫學美容找美蒔，抗皺美白最及時」、「海外學歷找 Peter，碩士博士一定得！」、「法律問題找冠明，千方百計保障您」、「稅務規畫找輝霖、讓您稅金少個零」、「理財投資找嘉凌，公司資產加個零」。

所以，要善用押韻，讓你的 Slogan 好記憶。

很多上過我課程的同學再找到自己的人生價值後，設計出響亮品牌的 Slogan，同時知道要廣為宣傳才能讓更多人認識自己，因此在我的網站上留言，共收錄了數千筆 Slogan，您可以到

http://OnlyYou.tw/QRcode/Book2

（QRcode 圖示如右）觀摩後，再設計出

代表自己的 Slogan，並回到網站上留言跟大家公佈！這也是建立個人品牌知名度吸引貴人認識你的好方法！

當你有個有趣、好記憶的 Slogan，工作的機會一定會比同業來得多！

名片背面正是宣傳你價值口號的最佳處

找到價值以後，還有一個方式是可以幫你創造更多機會。

一般人的名片都沒有充分的運用，很多人的名片就是正面印、背面空白，非常可惜，建議下一次印名片時記得把自己的 Slogan 印在名片背面。

我的名片背面就有印上我的 Slogan「名片管理找寶哥，人脈錢脈都收割」，因為當別人拿到你的名片之後，看到你的 Slogan 很可能會引起他的需求與興趣，然後便到名片上列出的網站去了解，或打電話跟你聯繫。而因為名片設計上小小的動作，拿到你名片的人，可能就會變成你的貴人或是客戶，甚至幫你引薦客人！我就曾經因為這樣，發生了一個奇妙的事。

　　有一位曾擔任過立法委員及中部縣市首長的前輩在搭高鐵下車時，我看到同樣正要下車的她好面熟，或許因為她也發覺我認出了她，於是便對我微微一笑，而我一見到她親切的笑容，就很自然的把名片遞給了她。不過她可能名片發完了而且又正要下車，所以也沒時間給我名片，就只是把我的名片收下。

　　如果委員當時在高鐵上也給我名片，透過名片管理的ＡＢＣ三步驟，我很有把握的在不久的將來，總有一日會讓她變成我的客人或貴人。但是因為她沒有給我名片就此斷了線，也無法用ＡＢＣ三步驟這種比較不打擾貴人的行銷方式與她做接觸。

　　但是因為我的名片背面有 Slogan，所以過了不久，居

然她主動與我聯繫表示想要跟我聊聊名片管理的問題。我到立法院與她碰面並深談後，她覺得我的名片管理方法很棒，於是就變成我的客戶了。

　　只是一張名片上面的 Slogan 就能引起人家的興趣，最後變成客戶，我與這位立法委員的名片之緣就是一個很好的例子，所以請盡量的找出一句能呈現出你的價值的 Slogan，這樣客人跟貴人就會愈來愈多。

第二章
建立個人品牌並善用工具，讓貴人找上你

提升知名度的
四大隨身法寶

　　要提升知名度，平常就必須把四項法寶隨身攜帶：名片、相機、手機，以及無形的個人品牌。

　　這四項隨身法寶，進可攻，退可守，除了能方便自己的工作和生活，積極發掘與貢獻價值給貴人，也能吸引貴人近身，甚至使自己成為別人的貴人，如果能夠運用得宜，漸漸的你就能成為一個有影響力、有知名度的人。

 ## 如何利用隨身法寶來提升知名度？

1、名片寧願多帶也不要少帶。

　　臨時需要與重要人士交換名片時，才不會因為名片發完了而扼腕不已。

2、找到關鍵的人交換名片。

　　一般在研討會的場合最需要交換名片的人是：主講者、

主辦單位，以及勇於發言的參與者。

3、利用與活用相機來貢獻專長。

將相機當成隨身的掃描器，把所需都拍下來；在活動場合熱心的當攝影師，將自己的記錄成果分享給大家。

4、傳遞圖文訊息比直接用手機聯繫更貼心。

重要的事用手機馬上聯絡，若只是聯繫關心，透過不會打擾到貴人時間的圖文訊息，是更好的方法。

隨身法寶之一，名片

名片是自我行銷最好的一個工具之一，所以名片一定要隨身攜帶，以備不時之需。

我有一個隨身攜帶的名片夾，裡面大概可以放二十張名片，不過除此之外，在我的手提包裡面有時還會放一盒一百張的名片，以便應付人數眾多的大場面，例如我去當講師的時候，都會提前詢問主辦單位，大概會有多少人來參加，若主辦單位跟我說一百個人，我便會準備兩百張名片備用。

為什麼對於準備名片的數量要如此慎重？

如果有聽眾想要把我推薦到他的公司或社團演講，如果我只有給他一張名片，除非他自行用影印的方式自己保存一張，否則當他把我的名片轉交給演講邀約承辦人，他自己就失去了和我聯繫的管道，這可是我的重大損失！

　　為了避免這種需要兩張卻只剩一張的窘況出現，所以出門前請把名片夾補充滿，甚至多帶一些放在包包中應急，其實我除了會隨身攜帶名片夾和包包中放個一盒名片之外，連皮夾裡還會偷偷放了三張，這三張是真的救急用的。

　　有一次就真的發生了臨時無名片可發的狀況。

　　之前應邀到一場講座當講師，因為已經知道在現場會錄影，身上不適合放太多東西，於是最後連名片夾也沒放身上，結果在講座還沒開始、正忙著準備的時候，突然有人來探班，還好馬上摸出皮夾裡備用的名片，成功的交換了名片。

　　另外，我也曾因為一張名片而與主辦單位誤打誤撞激發出良緣。

　　那次我只是到場聽演講的聽眾而已，記得那個系列講座需要預先報名，由於我到的時間稍晚，而會場內的演講已經開始，工作人員一時找不到我的報名資料，為了怕沒

聽到演講內容，於是我很快的掏出名片給工作人員，讓他可以慢慢的找我的預約資料，而我也可以馬上入場。

結果第二次再去參加同個講座的場次時，沒想到主辦單位的主管居然親自在門口等我。他客氣的跟我說，由於上次我有留名片，他們也上網查過我的資料，是他們理想中的講師，很希望我能在下個系列講座中參與其中的一場，邀請我當講師。

沒有人知道什麼時候會需要用到名片，切記，名片是最便宜的行銷工具，所以一定要無時無刻放在身上待用，說不定貴人和奇蹟正在等著你的名片作媒人。

參加活動時要跟這三類人交換名片

名片這麼的重要，又能隨手收集貴人，在參加活動時當然一定得要跟人交換名片，不過你知道在參加活動或講座時，必須跟哪三種人交換名片嗎？

第一個是，主講者。

如果來參加活動、聽演講，又可以讓主講者變成你的貴人，甚至跟主講者互為貴人，那麼參加這項活動除了得

到預期的知識或內容，還能擴充你的人際關係。

第二個是，主辦者或主辦單位。

　　若是能跟主辦者或工作人員認識，並因為參與這項活動而建立良好的關係，下次辦活動時如果名額有限，你就因此比別人多了一層關係，說不定可以私下預約下次參加名額，或比別人多了參與機會。所以，別忘了要跟主辦單位、工作人員交換名片，與這些人認識。

最後就是現場比較積極主動的人。

　　哪些人是屬於這族群的？一般都是坐在活動或講座的第一排，也可以從活動中積極提問的人來辨認，這些都是主動積極的人，與他們交換名片可以互相砥礪，也能從中結交到同好和貴人。

　　我就曾經在一場演講裡面，有一個聽眾問的問題十分言之有物，可能連我都沒辦法問出那麼好的問題，他卻可以講的很流暢自然、很有自信，於是會後我便主動跟他換名片，我跟他互為貴人，我也把他介紹到華人講師聯盟裡面，他現在是一個優秀的講師。

　　此外，主動願意跟老師換名片的人也要注意，因為那些人的特質積極主動，光這一點就值得跟他們交換名片、

交朋友。

當聽眾時的我，若是演講後還有時間、沒有急著要走，我都一定會跟主講者或講師換名片。

但是我不會馬上第一個換，也不會最後一個換。因為最後一個換，說不定講師的時間有限或名片發完，那就換不到名片了。一般我都故意排在第三個、第四個，然後在排隊等著跟講師換名片時，我就跟前面排隊的人換兩張名片、後面排隊的人換兩張，最後再跟講師換一張，這樣一場講座一共換了五張名片。

一天換五張名片，你一個月聽幾場演講、參與幾次活動？這樣算一算就能知道一年可以換多少名片了。

隨身法寶之二，相機

相機除了可以打造我們的個人知名度，也可以幫團體打造知名度，例如利用自己對拍照的熱忱，在聚會、活動時幫忙拍個人照、大合照等，一來貢獻自己的拍攝成果，也讓受拍照者對你感謝；二來讓團體、公司有了紀念和紀錄的照片。

而且相機也是輔助我們生活的好工具。假設今天去早

餐店吃早餐，早餐店幾乎都會提供報紙供人邊用餐邊看報，若是剛好看到某則新聞想要稍後閱讀或收藏下來，你會怎麼做呢？當然不是偷偷剪下來、塞在口袋裡，而是要善用相機或手機拍照下來，這便是一個隨身攜帶相機的好處。

再舉一個例子，在圖書館看書時，有些內容想要影印下來，但事情總是這麼發生，當你想影印時，影印機前面就大排長龍，再加上影印還需要花費、並且紙質之後還會泛黃、保存時間不長，所以這時如果身邊有相機或手機，便可以利用照相的方式，把資料直接照下來。像我的手機裡面就有很多本書的一些重要資料，當閒暇的時候，我就會把手機裡的影像檔打開來觀看或複習。

其實現在的智慧型手機，相機的功能都不錯，基本上可以取代相機這個法寶，讓你隨身可以少攜帶一項東西，不過建議在正式的場合拍照，還是要用相機，手機的拍照功能有時還是取代不了真正相機的專業程度。

隨身法寶之三，手機

前面已經提及手機包含了相機的功能，再加上目前的智慧型手機都有立刻上網連線的便利，如此就可以將即時

拍到的照片上傳到部落格或臉書中分享，所以一隻手機便擁有兩項以上的利器，這項法寶相信大家一定很難遺忘它，而且一旦忘了帶出門，就會覺得綁手綁腳的不方便。

　　然而手機「正職」的好處，就是可以用來溝通聯繫，直接就能透過聲音讓對方知道你的價值，不過由於大家平常工作忙碌，經常打電話寒暄會打擾到對方，所以我建議利用簡訊或 Line 等免費通訊軟體來達到聯繫的目的，圖文訊息是經營貴人的好方法，又不會打擾到貴人的時間。多加利用手機的各項功能，也是創造自己知名度的方式之一。

隨身法寶之四，個人品牌

　　最後一個隨身法寶是無形的，它就叫作個人品牌，當你擁有個人品牌，也就是開始擁有個人知名度的開始，由於這點十分的重要，我們將會在後面特地詳加介紹。

把價值發揚光大就能成為
個人品牌達人

　　讓自己成為一個獨一無二的自我品牌，其實並沒想像中的難！只要把你的價值，不管是專業價值也好，附加價值也好，將它發揚光大，就能轉變成一個有個人品牌的人。

　　就算是一個每日賣火車票的員工，也能在工作中精益求精，找出最快販售車票又不失禮貌的方式，讓他成為超級售票員，這就是個人品牌達人的模範。他能做到，你也能做到！

 ## 如何創造出個人品牌？

1、從自己專業的小領域中出發。

　　不用每樣事情都要很精通，只要在一個小地方，做得淋漓盡致、發光發亮就好。

2、將專業能力發揮的淋漓盡致。

擁有知名度，不見得你必須是一個公眾人物，只要在自己專長的小領域中努力，就能創造出個人品牌，受到矚目就足夠。

3、維持與建立個人數位品牌。

在網路上可多發表正面內容，藉以塑造良好的形象，讓不認識你的人，可以從網路搜尋出來的答案，在網友心中建立你的知名度。

在自己專業的小領域裡成為達人

在我們的生活周遭，有哪些人是有個人品牌的人？第一個你會聯想到誰？在眾多知名人物之中，王建民是一個值得分析的對象。

王建民的個人價值可能超過一家大公司，為什麼他當時可以將個人品牌發揮到頂端的程度？他到底有什麼厲害的地方？

王建民不是全能的棒球選手，因為棒球有很多種分工，例如投球、打擊等等，王建民的打擊率不高，一個打擊率不高的人也能成為台灣之光嗎？

或許你會認為，打擊率高不高不重要，重要是投球好就好了，但是投球又分很多種，而其中有一種叫伸卡球，當王建民把伸卡球練到淋漓盡致、當他只投在好球帶、別人都打不到的時候，他就變成台灣之光了。

林義傑也是台灣之光。說到林義傑，大家立刻會想到跑步。不過，有人知道他一百公尺跑幾秒嗎？相信沒有人會記這些吧！因為，這不是重點，重點在於他是超跑運動員、極地冒險運動家，能在很惡劣極限的狀況下跑過撒哈拉沙漠挑戰極限、完成考驗，他就成為台灣之光了。

王建民和林義傑的例子告訴我們，不見得每樣事情都要很精通、很厲害，只要在一個小的地方，把它做得淋漓盡致、發光發亮就好。每樣東西都有很多種面向，我們只要把它切割成一個小小的領域，你在那個領域發光發熱，就可以變成該領域的品牌達人。

鎖定範圍將能力發揮淋漓盡致

台鐵有個超級售票員簡麗美，一年就能賣掉十八萬張火車票，報紙上說簡麗美服務熱忱，謙遜盡本分。不過為什麼一個公務員，可以在報紙上出現這麼大的一個篇幅專

文介紹她呢？

　　因為她專注在她的售票工作，她很盡職守本分，上班一打開售票窗的窗口後，便用最甜美的笑容，來接待每個客戶。

　　售票窗前雖然大排長龍，但她遇到每個客戶都會用親切的態度，簡單明確的詢問要到哪裡、要買幾張票、多少錢，並且馬上用最快的速度結帳，不僅服務周到，也快速的消化了排隊人龍，也因為如此，才有辦法將車票賣得又多又快。

　　當她這樣盡職工作年復一年之後，變成台鐵的超級售票員，甚至還被媒體報導，因而擁有了知名度。這裡所謂的知名度，不見得需要你是一個知名人士，或是街頭巷尾人人皆知，只要在自己專長的小領域中努力，就能創造出個人品牌，受到矚目，最後吸引貴人的到來即可。

　　我年輕的時候，曾經有機會因為擔任十大傑出青年當選人聯誼會副總幹事在施振榮先生身旁六年，在六年的過程中，我從施先生身上學到最棒的一個概念就是：

「切割一塊小區域，塑造追求世界第一的企圖心。」

　　我們不可能每樣東西都很厲害，但是，我們可以在一

個小小的領域努力，並且要有塑造追求第一的企圖心。

　　我期待你也能把那個專屬自己的小領域找出來，把它做到淋漓盡致。能夠把自己的專長跟特色發揮得淋漓盡致的人，就是個人品牌達人。

注意你的個人數位品牌形象

　　個人品牌觀念很重要，不過因為數位時代的來臨，有一個概念更要重視，那就是個人數位品牌。

　　什麼叫個人數位品牌呢？其實最好、最簡單的解釋方式，就是到網路搜尋自己的名字，所出現的網頁和內容的整合，這就是你的個人數位品牌。

　　只要到 Google 或 Yahoo!，將自己的名字當關鍵字來搜尋，便會出現跟這個名字相關的網頁，你可能會發現上面出現的訊息比你想像的還多，當然也可能一條與自己相關的連結都沒有，同名同姓的倒是出現一堆。

　　這個搜尋到的內容很現實，而陌生人對我們的觀感，就會從這些訊息中做出評價。如果平常你是一個樂善好施的人，但是網路上一搜尋，居然有負面的評價，那些沒有機會跟你相處過的人，一看到這個資訊，請問他會對你有

好感嗎？

　　每個人做得再好，總有一兩件不是完美的事，只要那一兩件不是完美的，在網路上被放大，而且還出現在搜尋資料裡的第一筆、第二筆，那麼你的信譽不就毀於一旦了？

　　所以現在強烈建議你要開始關注自己名字，因為網路上所出現的名字搜尋內容，關係到你的個人數位品牌。

　　或許你會說，糟糕，我有一個很不好的過去，現在想要重新做人，尤其在感情這部分，怎麼辦？以前拋棄過的女友，在各大感情留言版曾經指名道姓的哭訴你的移情別戀，現在只要輸入你的名字，這些難堪的過去都會出現在搜尋網頁的第一頁，現在已經改頭換新，但往後如何結交新的女朋友？

　　這就叫個人數位品牌的崩壞。

　　那你如果要重新做人，改個名字並不是好方法（也難怪有人要改名），比較好的方式是，開始做正面的吸引力。經常在網路上發表正面的內容，當網路出現很多關於你的正面資訊之後，那個寫你負心漢的留言就會被擠到第五頁或第八頁，除非是有心人，特別想把你調查得一清二楚，否則一般人搜尋看到第三頁就不會往下翻了。

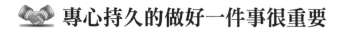 專心持久的做好一件事很重要

　　所以經營個人數位品牌非常的重要，應該從現在就要開始經營部落格或個人網站，不過或許這時你的藉口又來了：

　　「可是我的文筆很爛……」

　　要老實說，我的文筆從來沒有好過，我不是中文系畢業的，我只是一個電腦程式設計工程師，運用文筆來推廣我的個人數位品牌，其實不是很好的方式。

　　這時我就要感謝在十多年前，那時數位相機沒有那麼普及，我便知道要利用數位相機做記錄，並且將這些內容放在我的網站裡，而這個長期記錄的動作，讓我建立了我的個人品牌。

　　在我的網站中，有個網頁擺放我累積十多年所拍過的社團活動照片。十幾年前，我就在開始利用數位相機記錄社團活動，今天活動所拍攝的照片，隔日我就上網，目前已累積一千兩百多個活動，超過五萬張的數位照片。

　　這個網頁累積了我的個人品牌，幫我的個人品牌知名度加分。

　　在網頁中你可以看到在 1999 年 3 月 27 日，參加了青

商會新會友講習會，第一次使用數位相機幫老師和學員照相留念，直到現在，十多年的活動過程照片，都編排得很清楚的在網頁上呈現。

一般人在參加社團活動照相之後，記憶便留在自己腦海裡慢慢淡去，或是寄託在已經不知放到哪裡去的當年會刊，也可能會把拍到的圖檔存放在硬碟那個不知名、沒整理過的資料夾中。我善用數位科技，十多年來，一個活動一個紀錄，放在網路上成為大家龐大的記憶資料庫。

為了大家搜尋方便，我還有一個擺放照片的小技巧，一定會把每次的大合照放到最前面，並且都設計成可以直接下載。因為很多人會想搜尋到活動當天所有參加者的合照，若是將大合照放在網頁的最前面，對我而言只是一個小動作，但對於其他人而言，卻是個大便利。

所以當我這項拍照記錄連續做了十多年，當社團或活動需要拍大合照的時候，一堆人都搶著要拍下這個珍貴的鏡頭，請問你會對哪一部相機微笑呢？而且只要你對我的相機微笑，隔天就能上網看到相片，並且下載回自己的電腦！這一點貼心、多為他人設想的行為，就是建立彼此信任感的開始。

所以這真的是個很簡單的兩個概念：言行一致、始終如一，並為對方多做一點點，你就可以建立起在朋友心中的信任感、建立出個人品牌，而且不僅在真實生活中，在虛擬的網路世界，同樣也能為你塑造起數位個人品牌。

信任感是貴人認同你的
關鍵因素

　　每天我們都在做「交易」，不論是工作、生活或情感上，然而能夠達成「交易」，大部分都是因為對彼此有信任感才會交易成功。

　　個人品牌和知名度的經營，通常也都是信任感作為基底，慢慢的層層疊疊上去，貴人和客戶也是從這個小地方評論你的價值，所以請在自己專業的小領域發光發熱、建立信任感，貴人便會不請自來。

如何建立人們對你的信任感？

1、言行一致、始終如一。

　　很多小事會被人於細節上觀察與評分，別以為失信於人是小事，偏偏這最會影響到信任感的問題。

2、為對方多做一點點。

貼心的、設身處地的為對方多著想、多做一點點。唯有你做的事是對別人有所幫助、有影響，別人才會增加對你的信任感。

3、個人品牌可以縮短建立信任感的時間。

與人互動並不代表有用，利用個人品牌的魅力，經常可以加速建立信任感的時間，達到你所想要的目的。

建立信任感的第一步，言行一致、始終如一

其實無時無刻我們都在做著「交易」，例如今天你正在看著這本書，你也在做「交易」，因為你正拿你的寶貴時間，跟我的知識和專業在作交換。不過，為什麼你會願意做這種交換來達到學習的目的，而不是到圖書館借其他書看或找其他的書學習？這就牽扯到每一項交易的關鍵因素——信任感。

你會選擇跟我交易，是因為覺得我有價值、對我提出的理念或出版社有信任感。信任感？是的，在這裡便凸顯了信任感的重要性。

至於信任感是如何產生的？我認為有兩個因素：第一個原因是言行一致、始終如一。

　　經常家裡的長輩、學校的老師和同學，或公司的長官和同事們，會在我們的背後偷偷觀察某些小細節，看看我們有沒有做到言行一致、始終如一，然後默默在內心打上分數。

　　比方說員工旅行，大家都會帶數位相機或用手機拍照，但這時剛好有同事的相機沒電了，他麻煩你幫他拍張照，然後回去再寄給他。一般人這時都會爽朗的答應，但是回去後，你還會記這件事嗎？就算記得了，你會費事特地寄給他嗎？

　　我就曾經遇到過這種事，當時因為相機沒電，只好請別人幫我照相，結果過了幾天都沒有收到他寄來的圖檔，我還刻意去提醒他一下，他也說好，但還是沒收到那些照片，最後我只好當作沒這回事，也不再奢望會收到那張具有回憶的相片圖檔。

　　像是這種失信的事情，總會讓我們耿耿於懷。反向來思考一下，在你的周遭同樣也有很多小事會被人於細節上觀察與評分，所以，言行一致、始終如一，是建立信任感最重要的第一步。

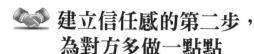# 建立信任感的第二步，
為對方多做一點點

社會的殘酷在於，就算你言行一致、說話算話，但大部分的人會覺得那是你的事，與我的生活無關。所以我們除了要建立信任感之外，還要貼心的、設身處地的為對方多著想、多做一點點跟對方有關的事。

唯有你做的事是對別人有所幫助、有影響，別人才會增加對你的信任感，所以言行一致、始終如一，以及為對方多做一點點這兩點都非常重要，缺一不可。

現在是數位時代，我們可以善用數位的方式來達到「多做一點點」的事。例如，以前要跟別人分享事物，可能要寫信或寫成大字報張貼，才能讓對方或更多人知道，現在只要用電腦打好字，利用複製和貼上，就能分享到臉書、部落格、討論區等，所以「多做一點點」並不會讓你花很多的時間，也不會造成你生活上的過多負擔，只要你有心去做，就能簡單的達成目的。

既然建立信任感既然是如此的重要，甚至可以搭起我們和貴人之間的橋梁，那麼建立信任感有沒有捷徑？有沒有更快的方法可以建立我們信任感？

答案是有的。例如有貴人推薦，或者有很多人和案例幫你做見證，至於透過數位方式來傳播也是可行的。讓口碑幫你散播服務和信任感，這也就是言行一致之後所形成的成功捷徑，不過整體來說，這一切行為的背後，最適當又正確的答案應該是：個人品牌。

當你擁有個人品牌、擁有了知名度，就可以用很短的時間就建立起他人對你的信任感。

例如王建民是有個人品牌的名人，假設他決定退休、不打棒球了，打算回台灣找你一起合資，開一家運動用品店，你會願意嗎？答案是如此的明顯，YES ！

🤝 利用個人品牌來縮短信任感累積的時間

這時有可能你略微思考或甚至不假思索就很高興的答應了，但是請問：王建民跟你有什麼關係？是有血緣關係還是親戚關係？為什麼他找你合資開店，你會覺得賺到了、願意投資一起開間店？

同樣的例子但換個人當主角，假設你有一個很麻吉的好朋友，從小學到高中都是同學兼死黨，有一天他跟你說要開一家體育用品店，想找你合資一起奮鬥，請問你會怎

麼回答？

　　面臨這種狀況，你可能會先告訴他，需要認真好好考慮幾天，而且說不定回去盤算好幾天之後，腦中卻只想著要用怎樣的方式婉拒他。

　　這樣的抉擇覺得奇怪嗎？王建民不是你的同學、沒有跟你一起打混過、沒有跟你一起成長，甚至你還沒親眼看過他本人，為什麼他提議說要合資開間店，你就點頭馬上說好？為什麼同樣的合資，你會考慮甚多，甚至回絕？

　　會出現這種弔詭的抉擇，就只因為王建民擁有個人品牌。

　　個人品牌可以縮短他人對我們建立信任感的時間。如果你有個人品牌的概念，從此以後經營人脈你將會變得很輕鬆，不用跟人家喝酒、應酬互動，就能有成果，因為互動並不代表有用，但個人品牌卻可以為你加分。

　　所以你只要現在全力經營個人品牌、找到自己的價值以後，想辦法在自己擅長的領域發光發熱，然後做到這個小小領域的個人品牌達人，就可以建立他人對我們的信任感，貴人也會因為這個信任感而主動找上門。

第三章
定位決定地位，
你就是自己的貴人！

定位！反敗為勝的
自我定位術

　　先決定你是誰！定位決定地位，讓你即便口吃也能成為業務達人、照相技術不好也能成為攝影達人。定位正確，會讓你少走幾步冤枉路、直達貴人的天梯；但若是定位錯誤，將會讓你事倍功半、遠離成功！

　　不要好高騖遠、將自己定位在無敵全能達人，請試著縮小範圍，從自己的專長切入所想要的定位角度，並且善加利用原本可能是弱勢、但應用起來卻是強項的東西，反敗為勝的技巧關鍵就在這裡。

🤝 如何為自己訂出正確的定位？

1、優點放大，將劣勢變成優勢處理。

　　透過缺點變優點的轉變，讓定位發揮力量，使你反敗為勝。

2、切割領域，從自己專長的角度切入定位。

別鑽牛角尖在你能力不及之處，最重要的是找到對自己最有利、最專長的角度切入，努力經營那部分就好。

3、建立知名度的三個循環步驟。

Ａ：定位，先決定你是誰；Ｂ：宣傳，大聲說你是誰；Ｃ：持續努力做到。

🤝 建立知名度首重正確的定位

建立知名度有幾個步驟，第一個步驟就是先決定你是誰，也就是定位問題；第二個步驟是大聲說出你是誰，讓定位和宣傳幫你的知名度鍍金；最後則是持續努力去做。

在這過程中，你可能會發現一些困難、瓶頸，這時再重新檢討、再重新定位，定位之後再廣昭天下，讓大家知道，然後持續努力做到，努力做到之後再調整。這三個步驟將會變成一個循環，只要持續努力一段時間，你就將會是一個有品牌、有知名度的人。

在這一章節，我們就先來談談定位。

首先，對自己有所認識與了解，然後再來決定要做什

麼樣子的你，這也就是定位的問題。有一句話說得好：定位決定地位！當我們對自己有一個明確的定位以後，就可以決定你的地位是什麼。

記得有次我到工業技術研究院的量測技術研究發展中心演講，演講中提到定位問題時，我便臨時起意的詢問前來參加講座的所長，問他的定位是什麼？那所長回答我，他的定位是培養更多優秀的量測技術的人才。

我覺得這個回答很棒，也呼應了我前面所說的「定位決定地位」。他培養人才，所以他當所長，如果他的定位，是希望能做個最傑出的量測技術人員，那麼他最適合的位置可能就是資深研究員而不是所長了。

所以只要按著這簡單的三個步驟，每個人都可以把你的名字，變成一個知名的品牌，每個人都可以把自己的名字，當成品牌在經營。

定位是如此的重要，但是很多人會表示，我沒什麼本領，要定位自己很難啊！別緊張，現在就來教你一招反敗為勝的自我定位術。

反敗為勝！劣勢變優勢的定位術

什麼叫反敗為勝呢？本來是自我的缺點、劣勢，但是居然可以透過有效的方法，善用這些缺點讓你反敗為勝，這就是定位所發揮的力量。如果連劣勢都可以變成優勢、再加上原本本身就有優點的話，是不是更容易讓自己變得更強勢？

就讓我舉幾個例子，讓你能清楚明瞭如何利用反敗為勝的自我定位術，協助自己建立知名度。

劉銘，早期曾在警廣擔任節目主持人，一九九四年的時候當選過十大傑出青年，現在則是凌華教育基金會的執行長。他在自我介紹中有一句話讓人印象深刻，他說：

「我是台灣第一位輪椅廣播人兼演說家。」

他的定位非常清楚，他是一位廣播人，但是廣播節目的主持人太多了，這樣定位就沒有什麼特色，又無法凸顯自己，於是他又縮小了一些範圍，表示自己是廣播人又有在演講，如此範圍人數就會少了些，最後他更把定位縮的更小，表示自己是台灣第一位輪椅廣播人。

劉銘四歲的時候就得了小兒麻痺。他說以往他很害怕讓別人看見這個缺點，他總覺得別人看他的眼神，好像都

帶有輕視的眼光，讓他不自在。但是自從他將自己定位成台灣第一位輪椅廣播人兼演說家的時候，他卻希望別人多看他一眼，因為當你再看他一眼的時候，他就可以很自豪的告訴你：「我是台灣第一位輪椅廣播人兼演說家。」

他表示，發掘自己與眾不同的地方，是建立品牌的第一步。

上帝造人很公平，有好的也有壞的，每個人絕對都是與眾不同、獨一無二，只是你有沒有把自己的特點找到，然後再把這些獨特的地方塑造的更專業。

所以當劉銘找到自己的定位以後，他就更仔細練習演講的內容，並且同時也讓他的廣播節目主持功力提升，為「定位」這名詞做了非常成功的示範。而當他在自己專長的領域中成功以後，接續就獲選成為由國際青年商會主辦的十大傑出青年。因為當選了十大傑出青年，覺得對於這個社會有更大的使命，於是他又召集了一群人，組成了混障綜藝團，他當團長。

反轉勢力的微妙定位關鍵

什麼叫做混障綜藝團？就是混和了各種障別人士的表

演團體。這些弱勢團體，在社會上不受重視，但是劉銘有了這個特殊定位的訣竅之後，把這些會才藝表演的混障人士聚合起巡迴演出，還廣受歡迎。

他們有時候會到監獄表演，受刑人看到他們身障卻還能貢獻才華、對生命如此的熱愛，感動十分，他們自己也期許透過這樣的演出，讓受刑人能重新思考自己的未來。另外，很多公司的尾牙也會請他們去表演，同樣的也激發了公司同仁的向上心。他們的生命故事改變了很多人，也因此獲得了另一個機會，出版一本書《混障是什麼東西》（道聲出版）記錄他們的觀點和故事。

因為劉銘的正確定位，讓他和混障綜藝團有了很好的知名度，現在如果想邀請他們表演，還得提早預約聯繫，因為他們目前搶手得很。這個就是定位決定地位的最佳例子，也是反敗為勝的定位術。

反敗為勝還有另外一個例子：口吃的業務員。

大家都會覺得，有口吃的人是沒有辦法做好業務的，但我就認識一個業務員，每周都蟬連銷售冠軍，但是他居然是一個口吃很嚴重的人，說話都說不清了，那麼他是如何去推銷產品？答案是：還是用講的。

雖然用寫的也是個方式，不過他還是用講的來推銷產

品，因為這是個反敗為勝的微妙關鍵。口吃的人經常會給人一種很誠懇、老實、不會騙人的印象，所以把口吃的缺點轉變成優點，雖然說話延遲或不清、介紹產品無法簡單利落，但是也因為這樣的說話方式，塑造出良好的形象，讓對方願意好好聽你表達，所以劣勢變成優勢，讓他經常都是銷售排行榜的第一名。

🥊 從自己專長的角度切入定位

再舉個我自己的例子。

照相技術不好、也沒什麼攝影專業概念的人，有沒有可能變成攝影達人？當然是可能的，只要是正確的定位就可以達到這個目的。

我就是那個照了五萬張以上相片、但光圈和快門還搞不清楚的人，但是很多人都叫我攝影達人！我的攝影定位跟別人不同，是從自己專長的角度（數位專長）來定位，而非以專業攝影見長，不過也因為這樣的定位成功，最後讓大家都覺得我拍照很厲害。

平常我都用傻瓜數位相機拍照，只要會按快門就可以，雖然不一定會照出最美、最漂亮的相片，但是可以確認照

得清晰，而且整理貼心快速、上網最快！這樣處理的方式，通常是被拍攝者最期待的結果。

因為我的專長是電腦程式設計，我的專業背景可以讓我整理照片快速，理性有邏輯的處理當天所拍的照片，例如現場拍了一百張照片，我會把大合照和有重要紀念意義的照片排到前面；而圖檔的命名，我習慣把檔名改成年月日形式，並加上事由以及流水號，最後再把這些整理好的照片放上網，並且將大合照擺在網頁的最前面，整個流程不用 5 分鐘。

把複雜的事情簡單化，然後不斷持續做，如此一天不用幾分鐘就能搞定當日的拍照事宜。雖然我不是一個功力很強的攝影師，但是我的網站總是很多人會來瀏覽，某些原因就是大家都想要看到自己的照片，而我就以照片上網速度快取勝，成為社團成員下載自己照片的首選網站，讓自己的網站也成為人氣網站。

從很強的數位能力來切入攝影事宜，這便是我的定位，並且成功達到我所想要的目的，貢獻我的專長給大家，所以正確的定位可以讓你脫穎而出。

另外，定位可大可小，但不要總想著包山包海，所有事情都想做，例如想要部落格的瀏覽率高，所以努力多拍

些正妹和無敵好風景吸引網友，但是老實說，偏偏這些都是你能力不及之處，所以最重要的是把自己的專長領域區分、切割出來，努力經營那部分就好了。

切割真的很重要，然後善用定位優勢，把它貢獻你的貴人，這樣你就又邁向成功一步了。

善用自己的優勢定位
脫穎而出

　　不用交際應酬，就可以成為人脈達人；送貴人禮物不用花大錢，只要利用自己專長就能感動人心！這些都可以靠著自己優勢的定位而辦到。

　　貴人缺的不是錢而是有錢也買不到濃厚心意，只要你明瞭自己的定位、善用自己的專長，就算是一張小卡片，也能令人感動十分，讓貴人永記在心。

運用自己優勢定位時該注意的事

1、禮輕情意重，貴人不在乎厚禮。

　　運用你的專長來設計與貢獻，讓貴人能感受到你的情意和重視度。

2、經營知名度，要有該有的堅持。

　　不要為了急於求名求利，就像是牆邊草一樣隨便更改

自己的定位。

3、利用自己的優點來反轉形勢。

不會交際應酬，就從交換名片下手，勤於做後續聯繫的工作；看書看的慢，有時聽有聲書和聽演講來加快知識的吸收。

4、最好能做到多贏的局面。

不要只想單方面的遇見貴人、受貴人重視，而是最好能互為貴人，這樣對彼此的助益更大，而且最大的受益人還是自己。

🤝 貴人不缺錢不缺物那要送什麼？

當我們有定位了以後，可以產生一個優勢，讓其他的人完全沒有辦法跟你比擬。若能夠將你定位後所產生的優勢變成貢獻貴人的祕密武器，可以讓貴人有更多感動。

典華婚宴連鎖集團林齊國學習長是我人生中很重要的貴人。

兼職講師的我，自從 2000 年榮登管理雜誌 500 華語企管講師後，受邀到許多社團演講。而在這十年，卻不曾

到獅子會演講過！而當中華華人講師聯盟首屆理事長林齊國學習長上任後，即邀約我到國際獅子會講師發展學院演講，且是向全國獅子會的上百位講師菁英演講，讓我非常感恩，此後，因為這次演講的口碑口耳相傳，擴展我日後在獅子會更多演講的機會。

因此，我在心中默默把林齊國學習長當成我人生中的貴人。

我們對貴人要常懷感謝，他才會知道你時時記得他，才會持續的提拔我們。但是要送貴人什麼？這真的很令人頭痛，說實在的，林齊國學習長什麼都不缺，所以我決定要送就送自己獨特優勢定位的東西。

學習長卸任華人講師聯盟理事長後，我除了贈送最新著作人脈經營寶典以外，還放入了一片特製光碟。

這張光碟，收錄的是他參加華人講師聯盟的六百八十五張專屬照片。參與華人講師聯盟的每次活動我都會透過拍照幫會務活動記錄，活動聚會的相關照片，都存在我的電腦硬碟中，於是我便利用我的優勢和專長，從八、九千張的圖檔裡，利用軟體自動搜尋到每一張有他的臉孔的照片，一共找到了六百八十五張。

利用自我優勢的定位來設計貢獻

但是光只有他的照片，似乎也太平凡了些，於是我又結合我另外一項專長，將這些照片利用蒙太奇圖片來呈現。

我使用了有他身影的六百八十五張圖檔，還加入了林齊國夫人出席活動時所拍到的三十三張照片，利用六百八十五張加三十三張小照片的組合，用美編軟體排成一大張學習長影像照片送給他。

在大照片中，每一個小圖點都是由一張照片所構成，每張照片都有他的出現。這麼努力用盡我的專長來設計此分禮物，我只想透過這個禮物告訴他，是他第一位提拔我到獅子會演講的人，我很珍惜並感謝這位貴人。

最後我很慎重的把這分善用自己優勢定位的禮物，送給了我的貴人林齊國學習長，雖然禮輕但情意很重，它是一分對我和學習長都是有意義的禮物。

所以請善用自己的優勢定位，來貢獻我們的貴人。

當然每個人的專業不一樣，我善於運用數位專長，我的一個朋友則很會畫漫畫，所以每一次參加華人講師聯盟的例會，他就會幫主講者畫一個四格漫畫，他畫畫很快、不會花太多時間，當場就能把漫畫貢獻給那個主講者。

他因為貢獻了專業，所以跟每一個主講者都取得一個聯繫，讓主講者都能記得他，這也是善用自己的定位優勢去貢獻貴人的好例子。

不應酬交際也能成功經營人脈

不喜歡喝酒應酬，有可能變成人脈達人嗎？

我自己就是那一種不喜歡應酬的人。

雖然我參加很多社團，不過都是參加社團檯面上的活動，私底下那些要喝酒應酬的二次會、去酒店唱 KTV 等等的活動我都不常參加，即使真的參加了，我也滴酒不沾，我不喝酒。

在這種應酬場合，不喝酒剛開始確實是會有一點疙瘩，不過還好因為我維持這種「傳統」已經好幾十年，所以身旁邊朋友都會幫我解圍。而且我覺得，經營知名度要有該有的堅持，所以截至目前，我還是不喜歡喝酒應酬。

其實人脈的經營有兩種，一種是很會喝酒應酬、交際博感情的那一種，這種我零分；但是還有另外一種，是可以不用喝酒的，我就找到一種方式可以讓我不用喝酒就能成功經營人脈。

在會面的過程中不用靠喝酒搏感情，只要有本事能換到對方的名片，回去我就可以透過名片管理ＡＢＣ的簡單方法，馬上將他變成我的客人跟貴人，這個故事在我身上累積上百上千個案例。

我也把這個 Know-How 跟更多人分享，本來我只是經營人脈的達人，但是因為更多人透過這個方式也變成了人脈達人，所以後來媒體就開始稱呼我大師了。

這也是利用我的數位專長定位成功的案例。

交換名片以及後續事宜的重要性

另外，我是看書速度很慢的人，一本書買回來，放在客廳就這樣過了一年可能還沒看完三分之一。看書速度這麼慢，怎樣才可以提升自己的競爭力？

聽有聲書、聽演講，我就是這樣做的。知道自己看書看的慢，乾脆就買有聲書來聽，而目前市面上有很多免費的講座，很多作者在新書發表會時也有演講，於是我就透過各種「聽」的方式來學習成長。

不過我跟一般人不一樣，大家聽完演講以後拍拍屁股就走，我聽完了演講，一定會跟講師換名片。

胡立陽老師是非常知名的財經專家，他有個外號叫做「亞洲股神」，有一次聽他演講完後，我便跟他交換了名片。換完名片之後，透過名片管理ＡＢＣ三步驟，在黃金二十四小時之內他就回電了，邀約我加入他擔任會長的華人講師聯盟，從此變成我人生中的重要貴人。

　　每當我聽完一場演講，都會透過這種方式跟講師聯繫上，很多主講人不管未來出書或有新的觀點，都會先跟我分享。所以這個就是我看書看得慢，但老天爺開了另一扇窗，讓我可以透過聽的方式，來吸收知識與資訊，並且也透過名片交換的經營人脈方式，讓我跟講師產生關連，互相貢獻、互為貴人。

　　名片管理ＡＢＣ計畫是我依照自己與大眾所需而創造的，它能讓你在人脈的經營上擁有正確的定位，並利用優勢和特點去輕鬆執行成功！詳細方法和內容會在下一個章節全盤托出。

列出自己的金氏紀錄，
找到人生定位

在使用反敗為勝的自我定位術，以及善用自己的優勢定位來脫穎而出之後，定位最後的決勝關鍵，則是在能增強自我信心的金氏紀錄定位術。

從自己創造的各式紀錄，找到自己的定位，每個人都是創造與突破金氏紀錄的人！不過這項紀錄並不是要你與他人強比，而是個專屬於自己跟自己的比賽，創造愈多的各式紀錄，愈能確認自己的人生定位。

怎麼找出專屬於自己的金氏紀錄？

1、跟自己比，不要跟別人比。

每個人都有不同的人生和際遇，請挑選以自己為角度的範圍來創造紀錄。

2、縮小範圍找出對自己有利的不同處。

一場萬人聽眾的講座做不到，但卻可以創造出最多菁英的講座、坐直昇機上課的有趣紀錄。

3、不要嫉妒別人比我好，嫉妒是貧窮的開始。

創紀錄是使自己確認定位、增強信心，而非引起嫉妒心，使自己走火入魔。

你也可以擁有自己的金氏紀錄

《金氏紀錄》世界之最，全世界最高的人、最矮的人、最胖的人都在金氏紀錄之中，不過我們要破這種紀錄非常困難，還好還有一種紀錄是比較好破的，比方說連續舉酒桶三百七十三次，而且每酒桶都重達六十二點九公斤。

並不是說我們也能舉著這麼重的酒桶、超過三百七十三次來破紀錄，而是置換一下當中的破紀錄方式，例如可能沒人做過的舉垃圾桶五百次，如此這項無人破過的紀錄，就可以變成一項新的金氏紀錄。

其實任何東西都可以成為你的金氏紀錄，例如連續拍手，金氏紀錄中一分鐘可以拍八百零二次，這項紀錄真的

很難突破，但是只要把突破的定義改變，改成拍一根手指來創紀錄，即使只有拍三百次，你也能輕鬆破紀錄，因為沒有人用這一種定義比賽過。

金氏紀錄的觀念帶給我啟發，它讓我想到，我們可能沒有辦法去破全世界的各項紀錄，但是山不轉路轉，我們卻可以想辦法破自己人生中的金氏紀錄！

這就是金氏紀錄的自我定位術。

以我自己為例，我不是專職的講師，我的正職在於名片管理軟體的研發，雖然演講不是我的專職，但可以成為「名片管理、人脈經營、個人品牌」主題講師的邀請首選，我所使用的方法就是金氏紀錄自我定位術。

有些知名講師演講能吸引三、五千人甚至上萬聽眾來參與演講，不過因為我不是專職講師，既然不能在人數上取勝，那麼該如何用哪種角度來作區隔取勝？

不用跟人家比，我只跟自己比。

我演講的場面目前最多才一千六百個人，要用人數相比是比不完的，但我可以跟自己相比的各式創新紀錄有 51 項，宣傳邀約方式有特色的有 12 項，而聽演講後聽眾的回饋很感心，更有 58 項之多，累積超過 151 項（詳細紀錄

說明請到 ABoCo.com 網站點選「金氏紀錄」）。

　　所以你也可以參考我的模式，把自己的人生閱歷好好記錄和回顧。更建議以後要隨身帶打造知名度的隨身法寶——相機來多加利用，在有可能變成你金氏紀錄的機會時，照相為證，讓相片變成你的紀錄資料庫。

誰人跟我比！破紀錄很簡單

　　創造自己的金氏紀錄很難嗎？

　　真的，一點都不難。

　　阿寶哥演講金氏紀錄之一，最多菁英的演講。例如我曾經演講過一場四百人的講座，人數雖然僅有四百個人，但是我將它定位在菁英人數最多的一場講座，因為當時主辦單位預設的聽眾，一定要是公司負責人、社團理事長，或者是專業人士，比方說律師、醫生、會計師、戰鬥機飛行員等，所以整個場地充滿著社會上的菁英。

　　雖然一場一千六百個聽眾的數量比不上一萬個聽眾的大牌講師，但是可以明確計算出在一場講座中菁英四百名，就是自己跟自己比的一項成就。

　　阿寶哥演講金氏紀錄之二，法官最多的演講。讓我再

把範圍切割的更小一點，一場演講裡面全部都是法官，這種紀錄可能沒人能超過我，因為這是個難得的機會，法務部請我去演講，對象就是法官，所以就超越我自己，甚至還能跟其他講師相比的難得紀錄。

阿寶哥演講金氏紀錄之三——宣傳車宣傳演講的有趣紀錄。演講的宣傳方式有很多種，有次我受邀到彰化演講，彰化的主辦單位很慎重，為了這場講座特別設計了一台宣傳車，這一部車滿街跑，放送著我的名字以及演講的主題和時間地點。

當演講當日我到達彰化時，還聽到宣傳車正在廣播我的名字，模樣弄得好像我要競選一樣，這種機會難得，於是便趕快攔下宣傳車，跟司機照一張相留念，這應該是我這輩子最有趣宣傳演講的方式。很多講師可能比我還厲害、聽眾人數比我多，不過他可能沒有用過宣傳車來宣傳活動，所以這個也是我個人的特殊紀錄。

阿寶哥演講金氏紀錄之四，搭直昇機到馬祖授課。這個更特別，以前大家都搭飛機南北演講、現在則都是搭高鐵奔波，但是我與眾不同，我是在台灣搭直昇機到馬祖演講。

其實這場演講一開始是安排坐船，但怕時間耽擱，所以改成飛機，但偏偏演講那天馬祖氣候不佳，當天飛機不能夠順利下降，因為演講在即，主辦單位就花大錢，請我坐直升機到馬祖上課，這個經驗可能很多的講師都很難能夠突破，不列入我的金氏紀錄都不行。

以上便是我稍稍列出的演講金氏紀錄，你可以看到這些紀錄並沒有很嚴謹的規則，或者一定要破什麼紀錄的定義，這是給自己的一個歷程記錄，自己挑戰自己的紀錄方式。

改變授課觀念的感動紀錄

我在好多年前便認識了徐培剛，他現在是位有名的講師，但當時還只是一個剛出校園不久的社會新鮮人，他來聽我的演講，令我印象深刻並且非常感動，那是我這輩子有史以來在演講完後，有一個人拿了張卡片送給我，而且攤開卡片，裡面寫著這場演講的心得，而且言之有物。

以他的文字專業程度和快速整理而言，我覺得他可以當記者，但他把這個才華當成自己的附加價值，並且在聽完我演講以後，馬上寫心得給我、給我激勵。

他的這項舉動，也破了我的一個紀錄——第一個最感動的聽眾回饋紀錄。這一張卡片，改變了我授課的一些觀念；因為我是數位達人，在思考邏輯上總是以數位為先，例如演講完以後馬上傳個簡訊，或網站上留言，這樣的回應最快！以前我的概念就是這樣，後來培剛的一張卡片讓我覺得，最快的不是數位，而是心跟心之間的距離。

在他送我這個有感覺、有溫度的卡片以後，我感受到他對我的支持，我的心跟他心之間，瞬間疊在一起的，這個回應的速度比光速還快，所以以後我的演講內容就不再那麼硬邦邦，會試著簡單軟化內容，讓大家更容易感受到我想表達的意思。

另外，他又破了我另外一項紀錄——青出於藍。他來聽演講之後，與我互動頻繁，讓我知道了他的存在與價值，所以當我有好的機會時，第一個想到他。當我當上了華人講師聯盟祕書長的時候，我便推薦會長邀請培剛來當我們講師聯盟的助理。

因為我的引薦，他進來講師聯盟擔任助理的工作，在經過他的努力、熱忱，以及善用他的附加價值，照亮了每一個人，慢慢的變成一個稱職的專職講師，現在他的講座

十分受歡迎，聽眾累計人次也遠遠超過我。

他本來只是聽我演講的聽眾，我介紹他去當助理，後來變成講師聯盟最年輕的講師，甚至還比我早推出有聲書，說他青出於藍絕對沒錯。

然而我最愛的是他的貼心。在他開始有名氣之後，對我還是尊重有加，到法國旅行時不忘帶我的名片跟巴黎鐵塔合照，作為送我生日卡片的背景圖，並且在回國之後，還送給我一個縮小版的巴黎鐵塔模型，感謝我多年的照顧和愛護。這些都是小動作，但十分的人窩心。

2012 年培剛在小巨蛋星光廳舉辦演唱分享會圓夢，我也因此沾了他的光，與他同台在小巨蛋做 TED 模式 18 分鐘演講，又創造一項新的演講金氏紀錄。

在這裡我還想提一個迷思。很多時候我們總會說王不見王，或者嫉妒別人比我紅：「為什麼他明明以前職位比我低，但現在卻做得比我好？」多數的人可能會有這種感覺，一股強烈的嫉妒心情而起。

俗話說：「嫉妒是貧窮的開始。」培剛以前聽我演講，而現在做得比我好，如果我也會這樣起嫉妒的話，是不是我就開始貧窮了？

所以謹記，如果有機會造福別人，當別人比我們更好時，我們要祝福他。其實我和培剛的關係密切，甚至有一些找我演講的機會，我覺得他更適任的話，都會介紹給培剛。所以現在是他提拔我、我提拔他，兩個人都互為對方的貴人。就像這次城邦集團布克文化能幫我出書，就是培剛介紹賈俊國總編輯給我認識，如果您因為這本書受益，也要感謝培剛這位大功臣促成本書的完成！

聽眾藉此找到人生定位的美好紀錄

在我的紀錄裡，最重要的是這一個，它讓我體會到自己定位的成功和重要。

在台中鞋技創新育成中心演講過後九個月，我在家裡收到了一個來自台中曾朝昆先生寄來的包裹，裡面有一包裝滿超大粒的龍眼乾，以及一封信。

信裡提及這是極品帝王的龍眼，是他們農家在收成時最棒的等級，在好幾百斤之中挑不到兩三斤，他特地將這一包禮物送給我。

他說，非常幸運能夠聽到我的演講，這場演講改變了他思考模式、找到他的人生定位，以及未來發展的方向。

他的家裡務農，而他的工作是修鞋，之前一直無法確認自己的志向，因為聽了我的演講，下定決心要好好在鞋子上面努力，並且將自己定位成為國寶級製鞋大師。

因為他的這一封信，讓我更立志要做一個 ABC 人脈經營法的傳教士。而鞋技創新育成中心在演講過後不久又再度邀約我，但由於台北到台中還是有些距離，本來沒有計畫接受受邀，卻因為這一封信，後來主辦單位又再邀請時，我便答應了，而且還主動要求加碼，不只講三個小時，我要講六個小時，徹徹底底的講詳細、說清楚，我把這六小時的課叫做「個人品牌達人養成班」。

這一封信帶來的影響，後來這六小時的演講非常的叫座，也獲得大約三、四十封的感謝留言。

你是否也會對於我這幾個「金氏紀錄」而感動？也希望你在找到對自己特殊、有意義的紀錄以後，可以從中發現這輩子到底在追求什麼、確認自己的人生定位，希望這個金氏紀錄定位術的概念，能讓你受用，並且開花結果。

定位＋宣傳可讓
知名度鍍金

　　有好的定位，如果沒有好的宣傳，沒有人知道也是沒有用，但是如果你只是一味的在宣傳，定位卻模擬兩可，別人對我們也不會有一個完整的認知。

　　定位加上宣傳，能讓你的知名度鍍金，而最簡單有效的宣傳工具便是名片！怎麼讓換過名片的有緣人變成我們的客人跟貴人？這項祕密即將公布。

如何讓換過名片的人變成貴人？

1、讓貴人知道你。

　　換名片不是只有唸出公司和名字、彼此交換這樣簡單，必須讓他對你更了解，因為唯有更了解才有信任感，才會記得你。

2、持續照亮。

　　是時候貴人需要你的專長了，但是他卻忘記你這個

人……所以持續的照亮是重要的，可以固定時間便照亮一次，例如每個月一次電子信聯繫，加強印象。

3、交換來的名片要整理歸納好。

如果只是用橡皮筋收納或是名片簿擺滿的方式，是無法有效運用名片的價值！善用數位工具來整理分析，將會讓宣傳的效能倍增。

利用宣傳來讓大家知道你的定位

在做到了反敗為勝的自我定位術、善用自己的優勢定位來脫穎而出，以及金氏紀錄定位術之後，相信你已經找到你明確的定位價值，但若只是維持這種「閉門造車」的狀態，等於你的優勢只有自己明白與賞識。

這時就要開始要想辦法廣為宣傳，唯有愈多人知道你的定位，你受重用、提攜的機會就會愈多。

我們總希望能遇到有緣結緣的人，但是如果連有緣結緣的人，都沒有辦法讓他知道你的重要，更何況是沒有機會認識的人？所以別再孤芳自賞，只要有機會能跟人家結緣，我們就要想辦法讓對方知道我們的價值、可以貢獻的

專業之處。

　　所以一旦定位好了，就要開始做一個宣傳的動作，但這個世界如此之大，你如何對所有人大聲說？要買花大錢廣告嗎？還是登報紙？其實利用一張小小的名片，就能做到宣傳的功能。

　　如果今天能跟我們見過面、換過名片的人，都沒有辦法變成我們的貴人或客戶，你能期待那些沒有見過面，甚至沒有換過名片的人嗎？

　　其實並不是只有業務人員，才需要交換名片，我們每個人都是一個個人品牌，每個人都可以擁有自己專屬的名片，來貢獻自己的價值。學生也有可以貢獻人家的價值，也可以印名片來表達自己，更何況是商務人士。

　　先來計算一下你一年可以換到幾張名片？計算的方式很簡單，公司如果印五盒名片給你，一盒一百張，總共五百張的名片如果都有發完，很可能就能換回四百張名片，因為有時候交換名片時會遇到對方名片發完的狀況，所以打個八折來計算。

　　四百張名片值多少錢？或者這樣說，交換一張名片的價值是多少錢？

一張名片的價值遠超過你能想像的

　　舉個例子，若是今天收到一張喜帖，要去參加對方的婚禮，婚宴設在四星級的飯店，請問要包多少錢才比較不會失禮？如果只有一個人赴宴，依正常的禮數而言，普通朋友等級的大約會包兩千元左右。

　　你包了兩千塊的紅包去吃喜酒，可以換幾張名片回來？假設我們不是很厚臉皮的那種人，並且在用餐時只在固定一桌，然後跟每個人聊聊天、交換個名片，如果運氣不會很差（有時候一桌都是小孩，只有一個大人），這一桌都是成年人，一對一對的夫婦，總共五對，這時就會換回五張名片。

　　兩千塊換五張名片回來，一張取得的成本是多少？四百元，而這四百元還不包含自己開車、油錢、停車費等，並且用餐的這兩個半小時，不能工作賺錢，還得在喜宴上跟同桌的人喝酒、應酬交際，你也必須把這兩個半小時的時間成本算進來。

　　一張名片的取得成本，遠遠高過四百塊！如果一張名片超過四百塊，那麼放在你桌上或抽屜裡散落沒整理、交換來的那些名片，你知道是用多少錢換來的嗎？現在知道

名片真的很貴了吧！所以名片真的要好好管理，不要再用橡皮筋管理法。

　　既然名片如此之貴，我們一定要想辦法，讓每一個拿到名片的人都變成自己的客人，如果他不是自己的客人，也要讓他變成自己的貴人，引薦適當的客戶給自己。

　　假設我們在工作生涯的三十年裡，一年三百六十五天可以換到三百張名片，三十年就有九千張，一張名片換得價若是四百塊，這代表你可能必須要花費三百六十萬來換到這些名片。

　　這高達三百六十萬元的名片，你怎麼管理？如果都用名片簿來放，超過九千張的名片需要買多少本才夠用？還好現在進入數位時代，可以透過數位的方式，讓這些換過來的名片變成我們最重要的黃金人脈資產。

　　除了名片收藏的問題，另外一個更實際的問題是，在交換名片一年、兩年、三年後，還有多少人記得你？反過來說，你今天跟對方交換了名片，過了三年以後，你還記得這個人是做什麼行業？這個人可以對我們有什麼貢獻的價值嗎？

　　如果你記不起來，那真的很可惜，因為地球那麼大，

你們好不容易見面了，但是你卻沒有辦法來貢獻對方，或讓別人來貢獻給你。所以換過那麼多張名片以後，該怎麼讓人家繼續的記得我們、變成我們客人跟貴人這就很重要了。

怎麼讓一個換過名片的有緣人變成我們的貴人？如果你可以把原因找出來、詳加了解，就很容易在交換過名片之後，將名片轉換成客人跟貴人。

有緣人變成貴人的原因所在

第一個原因很重要，讓貴人知道你。如果對方不知道你是誰，對你本身不清楚、對你這個產品很模糊，他就不可能來買你的產品。所以這是一個很簡單的道理，只要遇到有緣人，就要讓他對我們更了解，因為唯有更了解才有信任感，他才會變成我們客人跟貴人。

但是有很多業務人員很辛苦，今天好不容易在社交場合找到一個潛在的客戶，跟對方換了名片以後，隔天很努力的去拜訪人家、並請人家喝下午茶，但問題是他的時機點不好，可能那個人上個月才買了一個很大的保單，雖然是潛在客戶，不過現在看起來他不需要這項服務了，那怎

麼辦？

　　已經花了時間、又請喝了下午茶，結果對方最後沒有買保單，後來也只好不了了之，再去開發新的客戶。結果過了兩年，那個人又有了閒錢、想要買保單的時候，他會想到你嗎？不會，因為貴人多忘事。

　　當時確實是曾經遇到貴人，而且也讓他詳細了解知道你的專業，但是因為貴人多忘事，這麼久沒有聯絡，當他有需求的時候也忘了這回事了。所以第二點要讓有緣人變成貴人的原因，就是持續照亮。當他要把我們忘掉之前，我們就在他前面再出現一次，讓他知道我的存在、我的價值，過陣子又快忘掉前，我們再持續照亮，這樣持續兩年、三年，總有一天會讓你等到他的。

　　因為你所提供的專業，絕對可以讓很多人受益，而他沒有找你就可能只有一個原因：他不知道你或他把你忘掉了。所以只要能夠做到這二點，我敢保證你可以大大提高有緣人，讓他們全部都變成你的客人跟貴人。

第四章
黃金人脈A計畫！
把名片放入你的
貴人聚寶盆

A計畫 Action 行動

想要有人脈、迎接貴人來，若不想獨自走漫長的體驗路，打造黃金人脈的名片管理ＡＢＣ計畫將會助你一臂之力！

只要三個簡單的步驟，就可以讓所有的有緣人，變成你的客人跟貴人。而首先要執行的任務是Ａ計畫 Action 立即行動，也就是要在黃金 24 小時內發出問候信！

A計畫：Action 行動

重點：快

目的：脫穎而出、開始Ｂ計畫

訣竅：利用黃金 24 小時寄出問候信

A計畫問候信之注意事項

1、建立問候信的範本。

有了範本可以加速寄出的時間，只需修改某些特定名詞和內容，就可以變成一封新的適切問候信寄出。

2、透過問句來瞭解彼此。

信件內容除了介紹自己是誰，也可以透過一些問句詢問對方，讓彼此有初步的了解。

3、信件內容正面比積極重要。

能在黃金 24 小時發出問候信代表你的積極，同時，問候信是否正面有價值，比積極更重要。

4、問候信中可提及自己的價值。

告訴對方可以帶來什麼價值、可以引薦什麼人給對方認識。

5、不要變成推銷廣告信。

避免介紹產品，專業內容也不需太多，只需一兩行簡易介紹即可。

6、電子郵件內容要與對方核對行動電話號碼。

避免行動電話建檔時輸入錯誤，可以在電子郵件內容中與對方確認行動電話號碼。

7、電子郵件發送後，同步發出提醒簡訊。

避免電子郵件輸入錯誤或進入對方垃圾郵件匣，最好同步發送一封簡訊提醒收件人，並在簡訊中註明您發送的電子郵件帳號。

二十四小時之內讓對方記住你

在交換了一疊名片之後，到了第二天後你還記得誰？我們在一個社交場合，交換了許多的名片，假設交換到十個人的名片，你會對哪些人還有印象？

這就是人的特質，只會記憶某些內容，例如交換名片時遇到帥哥正妹會眼睛一亮，一些名片上的響亮資歷例如某某執行長、某某董事長，看了之後也會印象深刻。

但問題是，如果不是帥哥也非正妹，又才剛踏出社會，沒有好的資質跟頭銜，完全沒有吸引人的焦點，那怎麼辦？

Action 立即行動是個好方法，在黃金二十四小時，就先給對方一個正面積極的印象。

假設今天去聽講座，跟左鄰右舍交換了名片，回去以後你馬上便寄了一封簡訊給這些新朋友：

「ＯＯ同學你好，很高興今天一起跟你聽阿寶哥的演講，我把演講裡的一些內容心得做成筆記，也寄到你的信箱，希望未來有機會，聽各種演講的時候，我們大家都能夠互相交流，學習成長。」

收到簡訊的人，可能跟你交換名片時候，因為你長的沒有很醒目、當時也沒深入交談，所以沒什麼印象，但是

因為這一個 Action、看到你的簡訊，又在信箱裡收到演講筆記，發覺內容整理的真不錯，這樣是不是會立刻回想起你在講座的模樣，進而產生良好的印象？

這個就是黃金二十四小時問候信的威力，要記得信裡所提供的必須是有價值的資訊，而不是推銷的廣告，例如你是旅行社的業務，聽完演講回去後，馬上就發一則簡訊說：「○○同學，你好，我是在旅行社工作，如果未來要到峇里島，可以特價一九九九九給你，普吉島九九九九元喔。」

他是來聽演講的，又不是來這邊跟你交換名片、變成你宣傳名單中的一員，若是收到這封信，很可能馬上就當做垃圾廣告信刪除。

所以黃金二十四小時問候信有一個竅門，就是要給有價值的東西，而不是第一封信就大肆推銷你的個人產品。

先準備範本再日益求精

在黃金二十四小時寄出問候信是重要的，時間不等人，但要如何才能加快速度將信寄出？

內容是可以先準備的，你可以先準備好一個通用範本

來備用。有了範本才可以更快速的更換成朋友或客戶的名字，以及其他的應用字句，所以範本一定要先建立起來，然後再持續的精進改良，切記千萬不要一直覺得範本內容還不夠好，所以就拖延不行動。

我已經使用這個ＡＢＣ計畫超過十年了，到現在還在修改範本，因為我希望範本能夠更好，例如怎麼修改內容，回信率才會比較高？怎麼改才會讓人家更感動？怎麼改即使人家不回信，他還會記得我？但是改歸改，我不會因為範本沒有做到百分之百的好，就不實踐Ａ計畫，因此鼓勵大家，要立即行動，開始跨出自己的第一步吧！

為什麼這麼重視快速的目的？是為了脫穎而出，其次則是可以開啟Ｂ計畫。

如果沒有先 Action，只有執行Ｂ和Ｃ計畫，就像是沒有經過照會這個關卡，一下子馬上好像很熟似的開始寄信推廣自己，收到信的人可能會很害怕或者視而不見。

所以當對方對我們還有些印象的時候，在一天之內 Action 立即行動，就會讓對方容易記憶起你，並知道你不是不速之客，以後再收到你的信時，就不會覺得這是一封廣告信，或是莫名其妙的人寄來的信。

關於範本，若是寫不出來，可以參考我的範本，要取得這個範本很簡單，在我的網站 ABoCo.com 有一個互為貴人的登錄系統，只要你一登錄，問候信就會寄給你，這樣你就可以觀摩我的問候信，調整成你自己的問候信範本了。

另外，記得拿到名片後要馬上寄出問候信，但是不要立刻打電話聯絡。以前有很多優秀積極的業務人員，到了一個場合、交換了一疊名片以後，隔天就馬上打電話，邀請對方來參加資產配置的說明會。

以前這種作法很容易創造很高額度的業績成長，但現在沒效了，因為大家都被騙怕了！如果對方對你不熟悉，或者他現在根本沒有想要投資，打這通電話邀請他去參加說明會，成功率是會非常的低。

所以這一種成功率低、又浪費時間打電話、又打擾到對方的 Action，是行不通的。所以記得，不要用打電話的方式來聯繫，建議可以用 E-mail 或簡訊來告知，這是比較不會打擾人的方式。

🤝 如何靈活運用A計畫

我自己也常收到聽眾給我的 Action，以下幾則是讓我

自己很有感覺的例子。

有一位朋友來聽我演講以後，馬上回去就寫一封信給我。

「阿寶哥你好，我是ＯＯＯ，昨天聽你的精采演講，是我這輩子花五百元感覺最值回票價的一次，聽這場的演講價值，絕對超過五百萬。」

身為一個講師，尤其像我這種不是專職講師、只是跟人家分享我的專業而已的講師，如果講完以後有一個人這樣肯定我，我會感覺好棒，棒到好像要飛上天了。當我收到這個信之後，就馬上很高興的打電話給他。我說：

「同學，謝謝你給我的回饋，不過我想要請教你，你是不是每次去聽完演講以後都會寄黃金二十四小時問候信給老師？」

我只是想確認他的經營人脈方法。

「老師，沒有沒有，這個是我這一輩子，第一次寫信給老師。」他這麼說著。

我把我的直覺告訴他：「你是不是有個範本，今天花五百塊的演講，我就寫五百萬，那如果改天聽一千二百元的演講，就寫超過一千兩百萬？」

「沒有沒有沒有。」他連忙否認。

同學可能真的是第一次寄這種信，所以聽到我的「質疑」有些嚇到，不過其實我只是覺得這樣的信已經收到太多了，單純想跟他分享我的心得，因為我自己也常常做這個事，而且還把這事養成習慣。

因為我很喜歡聽演講，在聽演講後也會寄一封黃金二十四小時問候信給我的老師。而且我都把範本已經寫好了：

今天聆聽您的演講，受益良多，其中最感動的一句話是＿＿＿＿＿＿＿。

其實每次聽演講，聽到快結束的時候，心中就已經挑選出這場演講中最感動的一句話。然後一回到家裡，就馬上打開電腦把範本叫出來，將原本範本裡老師的名字，換成這場的講師名字，然後填入最感動的一句話之後，馬上就可以寄出了。當然如果還有更多 Feel 的話，可以寫下自己更多的心得。

所以我寄信的速度，是所有同學中最快的！將心比心，這樣是不是我就最容易受到老師的提攜跟重視？

🤝 觸類旁通的Ａ計畫例子

曾經收到一封簡訊，十分的令我印象深刻讓，這是一個扶輪社的社友寄來的。

扶輪社的社友學習氣息濃厚，每個禮拜的例會，都會邀請一名講者到社內演講，而演講的時間都大多會在中午時刻，當時我便中午受邀到扶輪社演講。

這名女社友發給我的簡訊時間是下午兩點十一分，基本上這個時間我還在會場。簡訊上說：

「阿寶哥你好，因我沒帶名片，所以先傳簡訊，請你記住我。」

簡訊中還附帶有這位美女的照片。

身為一個男性，如果我們的手機收到美女照片並且請你記住她，你會有怎樣的感覺？當然這個大家反應不一，粗略可以分成已婚跟未婚兩派，不過我第一個行動就是馬上打電話給阿寶嫂報備，然後這封簡訊，就可以留下來了。

後來這一位女社友，稍晚也寄給我一封比較完整的演

講內容分享信件給我。我回信給她：

「某某社友你好，我建議你下次不要再帶名片了，因為我覺得，用簡訊照片的效果，比有帶名片的人效果好太多了。」

所以這個是屬於另類 Action 的一招。

再舉個例子。一位大姊在我演講完之後交換名片，第二天她傳真了一封信給我，她說：

「寶仁老師你好，因為電腦不靈光，所以用傳真傳遞。」

原來很多事情並不見得一定要電腦很厲害、還要會發 E-mail，或在手機上發簡訊才能做，重點是你有沒有這個心意，有心意去做，即使是寫在紙上，用傳真機發送也可以表達出企圖心。

在上述三種 Action 的方式，你會認為哪一種會比較適合你？其實用手寫的也是一個方式，最重要是有沒有去做，而不在於用了哪些工具來輔助。使用工具是代表要開始有效經營人脈，因為經營十位人脈可以靠心力，累積一百位人脈就需要靠工具，我就是透過我發明的 OnlyYou 人脈達人軟體來快速完成 Action，累積黃金人脈。

如果有做到 Action，就會很容易在對方心裡脫穎而出，因為在換完名片之後，由於多做一個動作，而這個動作是一般人目前都會不會做的，而你做到了。不過新的問題來了，Action 做了，但過了一年以後，請問他還會記住你嗎？

　　過了一年以後，多數人會忘掉，所以我又發明了 B 計畫。

名片管理
三大重要動作和拆解

複雜的事情要簡單化，才可能讓你成功，簡單才是成功的關鍵，所以千萬別忘了善用工具來幫你簡化事項、達成目的。

將名片建檔是一件重要的事，如何在三十秒內做完原本要五分鐘才能完成的內容，就是需要靠一些祕訣以及專業的人脈行銷軟體來協助！瞭解與應用了名片管理三大重要動作和拆解，這場人生的人脈學你才是真正的應用到淋漓盡致。

名片建檔的三寶欄位以及注意事項

1、姓名。

姓和名拆開欄位輸入，最好還要設計一個尊稱欄位，如此才能在各種不同氛圍靈活運用。

2、行動電話和電子信箱。

　　手機號碼可以讓你隨時撥打找到人、還能發送簡訊；電子信箱則是數位化時代溝通聯繫的重要工具。

3、地址和其他內容暫時不用輸入。

　　由於目前多以數位化聯繫，所以先輸入三個重要的欄位，名片其餘的地址等資料，可以等到對方回信時將簽名檔複製貼上到資料庫。

4、先不要管累積的舊名片。

　　先將當日的新名片建檔，然後寄出黃金問候信，至於舊名片或之前的通訊錄檔案，則可等到有時間時再建檔或匯入。

5、舊名片也能重新建立人脈通路。

　　利用整理名片、久未聯絡的名義寄封問候信，並透過簡訊確認對方的電子信箱是否有異動，維護更新資料。

名片管理A計畫三動作拆解

　　複雜的事情簡單化，簡單的事情才可以重複執行！今天當你執行名片管理A計畫時，就要把A計畫的內容拆解，

拆解到讓它變成一個很簡單的動作，如此才有辦法重複做而不斷延續它的功用。

名片管理Ａ計畫有哪三個重要的動作可以拆解呢？

第一個動作，名片數位化建檔。

當我們換了一張名片，如果不數位化建檔，名片便會隨著時間累積愈來愈多，多到無法管理以及立刻找尋，所以建議名片一定要數位化，當資料都數位化以後，其實名片丟了都無所謂。

第二個動作，發送個人化的電子郵件。

將名片建檔數位化，並不代表對方就因此而記得你，這個動作只是我們管理名片的方便，而要對方認識你、記得你，一定要 Action，這就是要透過寄發個人化的電子郵件，使得對方感受到你的重視。

第三個動作，個人化的提醒簡訊。

一封 E-mail 寄出去以後，記得要再寄一封簡訊來提醒對方，以防信件沒有收到。這一封提醒的簡訊，內容也要個人化，而非一看就知道是套用一成不變的罐頭簡訊。

這三個動作的流程是這樣的：例如今天換了一張名片，名片拿到手後一定要數位化、將基本資料建檔；建檔以後，

要發送一封個人化的問候信，以及個人化的提醒簡訊，而且這個簡訊內容還要包括他的 E-mail，以方便對方確認。

為什麼寄了 E-mail 還要一封提醒簡訊？我就曾發生一件跟提醒簡訊相關的事件。

在某場活動中，有緣結識了中天新聞哈遠儀主播，在交換名片之後，我便寄了問候信給她，同時發封簡訊：「小哈，有緣結緣，已寄信到 xxx @ yyy.com 信箱，分享經營貴人的方法，敬請指教。」

還好就因為多了這個確認的動作，哈主播在收到簡訊之後，發現沒收到我的信，於是就回了封簡訊，說沒收到信，請我再寄一次到她的私人信箱，並且留下新的電子信箱給我。

也由於如此，我和哈主播才開始搭起友誼的橋梁，並互為貴人。例如 2008 年的全國學生漫畫大賽，正好在尋找適當的代言人，我覺得她很合適，於是跟理事長推薦，她也勝任圓滿達成任務。2009 年第 47 屆十大傑出青年頒獎晚會，總幹事邀請我當主持人，雖然十分感動總幹事看得起我，但當時我毫無主持大型活動的經驗，對於這個邀請驚恐萬分，還好我在貴人資料庫中找到可以請哈主播來

相助，一起主持盛會，這對於哈主播來說，也是難得的經驗，因此她在晚會上稱我是製造貴人的專家。

若是當初我沒有在 E-mail 之後又寄出提醒簡訊，我跟哈主播的緣分可能就此沒有連結上，我也應該無法在她的專業協助下，接起頒獎晚會主持人的重任，與她互為貴人。

利用簡化方法和工具縮短輸入時間

關於幫名片建檔，你大約都花多少時間呢？而執行上述的三個動作又會需要多少時間？其實大部分的人，大約需要五分鐘才可以完成建檔、發送 E-mail 和簡訊，但是我卻希望你能在一分鐘之內就完成。

因為若是執行這三個動作，一張名片就要花費你五分鐘以上，說不定今天換來了十張名片，就要花五十分鐘，雖然一開始會很有行動力，但是過了三個月，發現人脈經營的成效還不見效，就會有些失望、想放棄，這個問題就在於花了太多時間在執行三個動作上面，讓你消耗元氣。

所以一定要想辦法把這三個動作從五分鐘降到一分鐘，讓你在輸入名片、發送 E-mail 和簡訊時，簡單方便不花時間，這樣行動才會持續。

那麼要如何拆解呢？

競爭力的關鍵就是從名片中找到你的黃金欄位！

今天跟客戶或朋友交換名片，回到公司或家裡後就要將名片數位化，但是如果每個欄位都要輸入，光輸入一張名片可能就要三、五分鐘了。

那怎麼辦？或許有人表示，可以買名片掃瞄器！不過依據我的親身體驗，名片掃瞄器有時候掃到設計比較花俏、背景比較亂的名片，機器去辨識它的時間，比自己用手輸入的還慢，所以建議你可以利用簡化的方法跟應用軟體工具來縮短輸入時間。

建立名片的黃金三寶欄位

一張名片有哪些欄位是黃金欄位一定要建檔的？手機、E-mail、姓名、職稱、公司名字、地址……其實愈多愈不可能達到，所以一定要簡化。以下是我認為最重要黃金三寶的欄位：

姓名

姓名是最基本的，而且建議姓跟名要拆開，拆開以後

才做更多的運用。

比方說「沈寶仁」，如果拆開欄位輸入「沈」和「寶仁」，以後就可以用插入頭銜的方式，讓稱呼可以變成「沈執行長寶仁」，或「寶仁執行長」，也可以變成「沈執行長」。如果在輸入的時候欄位不拆開，以後名字的呈現頂多就是「沈寶仁執行長」，這樣呈現的方式就顯得比較不親切，所以建議姓與名的欄位要拆開輸入。

但是其實最好的方式是多設一個尊稱的欄位。有時候尊稱會比姓名還重要，尊稱會讓人覺得親切感，所以建議尊稱最好獨立一個欄位。一旦設定以後，平常會尊稱王董事長，就在尊稱一欄輸入「王董事長」，平常都暱稱「阿寶哥」不會指名道姓的叫沈寶仁，那麼尊稱的欄位就輸入「阿寶哥」，這樣收信者就會有親近的感覺。

行動電話和電子信箱

擁有手機就擁有一個行動辦公室，隨時都能處理事物，手機的號碼當然是黃金欄位之一，而且輸入時很快速，只要十個阿拉伯數字填進去便成；平常工作大家需要書信往返，立刻接到或傳送最新的訊息內容，電子郵件是不可或缺的資料，所以理所當然的列入黃金欄位三寶之一。

利用軟體來提高競爭力

當黃金欄位輸入完畢之後，記得還要簡化再簡化！雖然已經從一張名片中許多的項目簡化成必要的三大欄位，但是這樣還是不夠有競爭力！要如何再簡化？這時就需要透過軟體 OnlyYou 人脈達人軟體，協助更快速的完成目標。

撇步：「尊稱」用選的

在尊稱這個欄位，因為很多人的尊稱後面是董事長、執行長，在軟體中我設計了「與名字相同」、「姓氏加尊稱」和「名字加尊稱」三種選擇方式，這時只要點選「名字加

尊稱」，就可以選擇「執行長」，這樣在尊稱的欄位上就
會自動填上「寶仁執行長」，如果選「老師」則會變成「寶
仁老師」。

這樣的設計，讓你只要打上名字，再利用下拉欄位選
擇，尊稱就會自動填好，可以減少輸入的字句、更快速完
成欄位。

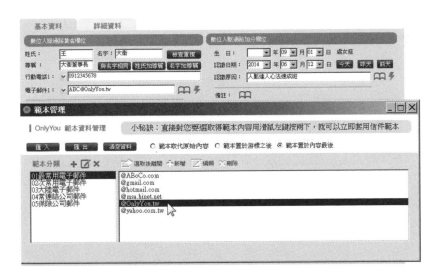

撇步：電子信箱用選的

行動電話的輸入簡單，十個阿拉伯數字，善用鍵盤上
的九宮格按鍵來輸入會比較好打。

電子郵件方面，@之前自行輸入，@之後選擇「範本
管理」，在範本管理中已經先內建好經常會用到的網域名

稱，例如 Hinet、yahoo!、Gmail 等，這時只需選擇需要的網域名稱，點兩下就能自動填入到你電子信箱@的後面；如果在範本中沒看到所需，那麼可以自行建檔，下次便不需要再輸入了。

　　用選擇已經內建的網域名稱有個好處，除了不用自己輸入外，還不會打錯字。

　　利用 OnlyYou 人脈達人軟體，一張名片的建檔，只要打姓名三個中文字，尊稱用內建選擇；行動電話，只要輸入十個阿拉伯數字，電子郵件只需要輸入@之前的郵件帳號，@之後也是選擇即可，這樣三十秒就搞定了。

　　最新推出的 OnlyYou 人脈達人 App，結合名片照相功能自動辨識，對於輸入慢的人更是一大福音。

　　原來從五分鐘的輸入到僅要 30 秒鐘，就只是一個觀念而已，突破觀念你就可以進步，用來加速你的競爭力。

名片其他內容和舊名片問題

公司地址要不要填？相信很多人都跟我以前一樣，換到名片之後，名片上所有的內容都輸入，住哪裡、得過哪些獎狀、社團經歷等等，後來發現我輸入得那麼辛苦，結果這個人都沒有跟我再聯絡，這不就等於浪費了時間？

所以後來學聰明了，只輸入關鍵欄位，然後固定每月照亮 Bright ，對他發 E-mail、簡訊，如果有回信，這時再利用複製貼上的方法，把他回信後面的署名檔內容（可能有電話、地址等），再把它複製到我的資料庫裡面來，這樣子是不是比自己輸入還要省時間？

另外，很多人在開始建立名片資料庫時，還有一個苦惱的事情——從何下手？要先從堆的像山一樣的舊名片開始輸入？還是不要管舊名片，只要輸入新名片就好？

建議先不要管那些累積的舊名片，只要從今天開始，每換一張名片就建檔並寄出黃金問候信，讓每張名片都能成為你的人脈資產。至於舊名片或者是之前累積的通訊錄電子檔等，可以等假日或有時間時再來建檔或匯入軟體；也可以每天多花十分鐘來輸入十張舊名片，熟練之後輸入的速度會更快，不假時日便可以消化掉舊名片。

利用 OnlyYou 建立你的
貴人資料庫

　　將名片建檔成電子通訊錄，充其量只是變成一個基本的電子名片簿，便於我們尋找或使用，然而若要進階使用，甚至變成個人的貴人製造機，便需要專業的人脈經營軟體來輔助！

　　OnlyYou 人脈達人軟體，是專門為名片管理ＡＢＣ計畫所設計出來的，它擁有名片建檔、寄發問候電子郵件和簡訊提醒，以及進階的追蹤郵件等功能，內設貼心的範本，簡單容易上手，你一定要試試看。

善用電子郵件追蹤的功能

1、追蹤收信者的看信習慣。

　　開信的次數、看信的時間、點選連結的內容等，讓你知道收信者的看信習慣，藉以調整發信的內容和時間。

2、追蹤誰對你的信件內容感興趣。

　　OnlyYou 可以追蹤信件裡的超連結點選，能分析哪些人喜歡哪些內容，讓你有所依據而重組聯絡人群組，只發給他們最感興趣的訊息。

3、利用電子郵件追蹤來找到貴人和客戶。

　　若是收信者，突然點了信中你或公司的連結網址，代表很可能這個人正需要你或公司的某項服務，便可以馬上打電話約對方喝咖啡。

黃金欄位之後的加分欄

　　名片只先輸入三個最重要的欄位，是所謂的名片建檔的「減法」，因為必須複雜的事簡單化，才有辦法重複做。然而當這三大欄位建立之後，就必須用「加法」來讓名片管理進階化，建立「加分欄位」更能貼近所需，使它真正成為你的貴人資料庫。

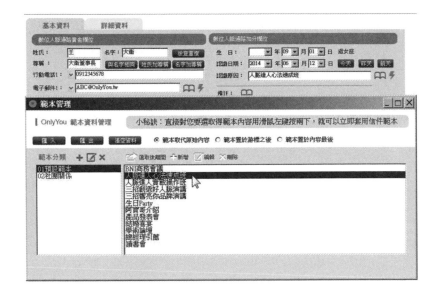

生日

在加分欄位中，第一個就是生日，當填入出生年月日之後，系統就會自動的把星座也標示出來，如此以後你就知道要用該星座的語言跟他溝通、比較能拿捏他的情緒，也可以設計一封專門發給該星座的客戶和朋友之信件內容。

至於生日這個欄位有什麼用？可以在客戶或朋友生日時，發出一封簡訊祝福，並且可以事先預約，讓系統在預約的時間準時發出。

認識日期

第二個欄位是「認識日期」，可以直接按下「今天」、「昨天」、「前天」，便會把正確的日期填上。為什麼只有設定三個按鈕呢？因為交換名片後，如果沒有在三天內寄出黃金問候信，對方也不容易記住什麼時候曾經和你換過名片，失去了最關鍵還有印象的重要時刻。

加了「認識日期」和「認識原因」欄位有什麼好處？舉個例子。有一個人在我臉書上留了言，他知道我要到高雄演講，於是便留言說他與我已經六、七年沒見了，到時他會到高雄的活動場地聽我的演講。

我看到了他的留言，便把他的名字貼到我的 OnlyYou 系統一查，發現這個人在四年前的某個演講場合，第一次跟我換過名片！知道他把時間弄錯後，我便馬上就在臉書上回他：「你應該是在四年前的某一場演講跟我交換名片的吧？」同時我還把當初演講時與他合照的照片網址貼上，並詢問他：「你是照片裡的哪一位？」

他馬上回我說：「我是穿黃色衣服旁邊那一位，黑色衣服的。」

在這個例子中，我們可以明顯的看到時間記錄的好處，

當你忘了何時與這人認識時，只需按一下資料，就可以得到正確的資料以及感動。

認識原因

認識原因也很重要，因為如果只知道日期而不知道原因，很可能還要翻以前的行事曆去找當天的紀錄，所以直接把認識原因輸入到系統中可以幫助記憶。

而且認識的原因也不用自己輸入，只需按下「認識原因」旁的「範本」圖示按鈕，便會出現一個「範本管理」，你可以把經常參加的社團活動或項目名稱先輸入進去，之後再建檔時，只要朝著所需的內容按兩下，就會自動填入「認識原因」之中。

以上就是一張名片的建檔和拆解，可能你以前都沒這樣做過，也因為都沒採行過如此的名片管理，所以很多人在第二次碰面時根本沒印象，但透過這樣的管理建檔方式，你就可以很明確的知道，這個是人什麼時候認識的。

我都利用 OnlyYou 每個月固定寄信給我的朋友和客戶，一萬多個人的名單，都是透過這個系統發送聯繫信件的。

而在這固定發信的內容中，其中有一封信的回信率最高。這一封信中，沒有提到我的專業價值，只有問候，不

過回信率居然是我一年之中寄了十二封信裡最高的！這一封信的內容很簡單：

「大衛董事長你好，很高興在 2010 年 1 月 8 日 BNI 商務會議與你結緣，已經 1568 天了，透過這一封信件向你問候並分享今年最大領悟。」

可能是因為信裡提到了認識的累積天數，所以最讓人感動，你也可以照著這個範本發信給你的朋友和客戶。

寄發電子郵件

在 OnlyYou 系統中，若要寄發電子郵件，一開始就會有個標準範本讓你套用。

在標準的信件範本中，會套入「尊稱」、「認識原因」，

以及「行動電話」和「電子郵件」，信內並告知會同步發送簡訊等設計。

　　為什麼會在信中放入對方的行動電話和電子郵件？這是預防在輸入的時候把英數符號打錯，如果能將這些資料放入，當對方只收到 E-mail 或簡訊時，便會有所警覺，有可能會與你再聯絡，告訴你打錯 E-mail 或手機號碼了。

　　也因如此，我的名片資料庫，總是比起其他人的資料還完整，因為透過這個系統，發手機簡訊的時候會確認 E-mail，發 E-mail 時又會確認對方的手機，在雙確認的狀況下，我的資料會比人家還完整就是這個竅門。

　　不過經常一個範本是不夠的，標準信件範本可能只適合某個族群，所以後來我便發展成很多不同時地所需的範本，例如一般場合見面範本、BNI 商務會議範本，扶輪社範本、青商會範本，到最後你可以自行細分很多合適的範本使用。

寄發簡訊

至於簡訊很簡單，當電子信件的內容主旨打好後，勾選「提醒簡訊」，這樣在電子郵件發出去的同時，簡訊也會傳出。如果對方收到簡訊卻沒收到 E-mail，會再通知我、告訴我新的 E-mail，或者我再用原先的 E-mail 地址重新寄一次。

以上這些步驟逐步的進行，就可以完成一個完整的 A 計畫了。

追蹤誰對你的信件感興趣

當我們每次跟對方 Bright 時，到底對方喜不喜歡？有三種情況會發生：一種是真的很喜歡你的電子信，他會寫信跟你感謝，但這一種人畢竟比較少。另外一種是討厭的要死，這些信對他而言都是垃圾，希望你下次不要再寄來了！

還有一種人是你寄了十二封信裡面，有三封他喜歡的，例如養生保健的內容他喜歡，介紹科技的不喜歡，你就可以透過信裡的超連結追蹤來得知，有點取超連結網址的，就代表他對於你提到的這個內容是感興趣。

當你掌握了這些朋友的喜惡之後，便可以把有同樣興

趣的人全部集合、做一個群組，有這方面的資訊只通知他們，如此你的信件就會更受歡迎。

在 OnlyYou 中便有這個追蹤電子郵件的功能，例如我寄了一百封信，可以知道有六十八個人看了信，而這六十八個人之中，有人開信開了兩次、有人開三次，總共被打開了一百四十五次；有四十五個人則是開了信以後，還會去點選裡頭的超連結，這些超連結一共被點了八十二次。

在系統中，你可以得知收信者是什麼時候開信的，是晚上還是白天？是用同一台電腦觀看的嗎？這些紀錄明細都能一一看到，甚至連他們的開信 IP 也能知道。

開信 IP 是什麼？電腦要看信，一定會有一個 IP，系統這邊便會記錄下來，所以如果是同一個 IP，就代表是同一部電腦一直在看你的信，如果收信者有轉給他的朋友，當他的朋友透過他的電腦觀看，記錄的就會另外一個新的 IP。

如此我們就會知道哪些人總是會開信、看信，而且還幫忙轉信，這些人都是我們的重要粉絲，以後若是有新的著作、產品上市、有辦活動或禮物贈送的話，當然是送給

這些常常支持我、幫我轉信的人。

　　現在的追蹤系統設計貼心，能讓你得到更多更詳細的細節，所以一定要善用科技，才可以獲得最多的競爭力。

利用電子郵件追蹤增強競爭力

　　如何利用系統的追蹤功能？例如一個房屋仲介者手中有一百張名片，這一百個人裡面，不見得每個人現在都要買房子，但是如果你持續 Bright，有天發現，有五個本來收到信都沒點連結的人，這次寄出的電子信忽然點了你最後公司網站的連結，代表著這些人可能最近在找房子，此時你就能馬上打個電話給對方，約他們找個時間喝下午茶，開始進行推銷的步驟。

　　這個就是本來要打一百通電話、但現在只要打五通便能有所收穫的實例，所以再次提醒，請善用數位科技，來增強自己的競爭力。

　　再舉一個進階的例子。假設我在台北賣房子，不管豪宅、平價房屋都賣，在電子信件中，我會提供各區最新豪宅、平價房屋的訊息以及連結，如果收信者打開了信，只點中山區豪宅的連結，而不去點同樣中山區的平價房屋，

那麼是不是代表這個客戶買屋的傾向在於豪宅？下次打電話跟這個收信者聯絡時，就可以直接提及豪宅或中山區最新豪宅狀況，而不用多費口舌介紹平價房屋了。

所以請善用追蹤功能，可以讓你獲得祕密的力量，提高你的業務效率。

第五章
貴人經營B計畫！
累積貴人就是
這麼輕鬆

B計畫 Bright 照亮

　　每個月固定在貴人面前 Bright 照亮一次，利用數位的魅力 E-mail 來聯繫彼此。記得信件的主旨比信件的內容還重要，除了明確合適的主旨之外，還必須把對方的姓名放在最前面，以表尊重與吸引對方的目光。

　　然而過多的 Bright 會惹人嫌，比較適當的頻率是每個月一次，在信中可以分享自己的專長，但不要一直強調行銷，就讓 Bright 照亮你人生的路途，讓貴人看見你的努力。

B計畫：Bright 照亮

　　重點：個人化

　　目的：讓對方注意到你

　　訣竅：每月一次的數位（電子信）照亮

B計畫每月一信之注意事項

1、信件主旨要個人化。

　　看到自己名字在主旨上，會讓人覺得這是一封針對我

的個人信，開信率會較高；使用尊稱會比姓名好，尊稱則要放在主旨的開頭。

2、信件的內容要個人化。

最好信的開頭和結束時都出現一次，例如開頭時的「阿寶哥您好」，以及結束前的「誠摯祝福阿寶哥……」。

3、信件的主旨比信件內容重要。

例如主旨是「好事大家一起做」，很容易迷失在一堆信件之中，可改成「阿寶哥您好：我代表某公益雜誌跟您邀稿」。

4、發信頻率不能過高。

每月照亮一次的電子信件，目的在於保持數位聯繫，太頻繁會破壞這條通路。

5、不要夾帶太大的檔案。

某些信箱無法收取大檔案的信件，而且夾帶太大檔案的信件容易被優先刪除，若需夾檔，可將檔案放在雲端，改用超連結的方式下載，還可以透過電子郵件追蹤功能，知道哪些收件人有下載過檔案。

🤝 每月只要一次的數位照亮

　　B計畫 Bright，以前我將 Bright 定義在「曝光」，但是現在則升格為「照亮」。曝光跟照亮有什麼不一樣？曝光是只要讓你知道就好，但是曝光對對方有沒有價值，或許對方還可能不想讓你曝光！但是照亮不一樣，照亮就像是太陽般的光芒，讓對方感受到溫暖，一層一層退去保護的外衣，進而照亮彼此的心。照亮，是有曝光的行動，再加上提供有價值的資訊。

　　Bright 照亮的方式有兩種，一種是實體的方式，要開車到對方的公司拜訪、請喝下午茶，一個月拜訪的次數會依照客戶或自我的需求而定；另一種則是數位方式，透過 E-mail，一次可以對一百個人、五百個人發 E-mail 或簡訊，一個動作便可以接觸更多人，在這裡我們就先來談數位照亮。

　　Bright 每個月一次的數位照亮，提供你的現況、專業，還有相關的訊息分享。請注意照亮的頻率是每個月一次，而非每週或每天，因為以寄信的頻率而言，我認為對一個只有換過名片、一面之緣的人來說，每個月一次的頻率是比較 OK 的，當然若是好朋友、同學、活動的社團，每個

月就可以不止一次的數位照亮。

　　試問，你有沒有收過跟對方換完名片以後，一天就寄了八封或十封 E-mail 跟你分享的人？這個頻率就有問題，有時候這樣頻繁的寄信會打擾到對方。所以記得，除非是對方請你常常寄信，否則只是換一張名片的人，在他要把你忘掉又需要 Bright 一次的時間，大概是一個月一次就足夠。

🤝 把名字放在信件主旨的開頭

　　Bright 照亮的重點是要個人化，因為現在工商社會大家都很忙，如果寄信給對方，但沒有把名字寫在信件主旨，或信件內容稱呼的時候，對方會覺得這封信好像是大量寄出的信，沒有那麼重要，所以可能連看都不會看。

　　所以你應該在主旨放入對方的名字，例如寫信給我，主旨寫著「阿寶哥你好，這一封是專門給你的信」，當我收到這封信、看到了主旨，就會覺得這是一封很重要的，會優先打開來看。

　　不過要記得，名字最好要放在主旨的一開頭而不要寫在中間。

我的二十四小時問候信範本，已經修改了上百次，現在最新的版本，人名（尊稱）會移到最前面，因為每個人每天收到一堆信件，如果名字寫在主旨的中間，便不顯眼甚至會讓人沒看到，所以記得寫信給對方時，主旨一開始就要放入對方的名字，讓你的信能用最吸引目光的姿態呈現。

　　至於目的很簡單，就是讓對方注意到你，因為一張名片說不定是十秒鐘很快就交換到的，但是為什麼對方會注意到你？一定有所原因，而這個原因也可以自己創造，每個月在他的面前照亮、展現專長，他便會開始注意你、了解你，後來變成了你的客人跟貴人。

🤝 每月照亮一次，朋友也變成貴人

　　Bright 除了應用在工作上，也能運用在我們的好朋友、好同學身上。像我的大學同學廖肇弘，他在大學的時候，電腦程式設計功力就已經很厲害了，他在高中時就寫了一個錄影帶的管理程式，賣到了光華商場，賺到人生第一桶金。

　　所以每次他看我程式好像寫得不是很順的時候，就會

給我很多的指導，不過那是大學時隔壁班的兄弟交情，畢業以後，由於那時候還沒有 E-mail，所以我沒有辦法透過 Bright 這一種方式跟他照亮。

不過說來我們真的有緣分，多年之後，有一次我帶家人逛街，剛好遇到他，當時真是好高興，並且趕快互換名片，把最新聯絡方式留下。原來那時他已經在某處高就，而過了幾個月之後，他的職務變成文化大學育成中心的執行長。

遇到他之後，我每個月固定數位 Bright 給他，他覺得我這邊有一些 Know-How，對於他們育成廠商是有幫助的。後來他便聘請我擔任育成中心的顧問。

這個同學變成貴人的例子，相信也會在你的身上出現，所以請善用 Bright 的方式，讓所有接觸過的有緣人，再透過你的 Bright，有機會互為貴人。

喬吉拉德，我相信很多人都聽過他，因為他是世界上最偉大的銷售人員，他這一生總共賣出了一萬三千多部車，破了金氏紀錄，至今無人能夠打破。喬吉拉德曾說他有一個祕密，他最大的創新就是他的每月卡片，如果你跟他換過名片，以後每個月都會收到喬吉拉德寄給你的問候信。

喬吉拉德最高紀錄是一個月寄出一萬六千多封卡片，當然這不可能是他一個人寄的，他有一堆的助理幫他處理，但是因為那是個古早的時代，沒有電腦協助、只能聘請助理來人工幫忙，不過他還是覺得非常值得，他說因為他每個月只照亮一次，喬吉拉德一年在你家出現十二次，你要買車自然就會想到喬吉拉德。

所以如果你覺得你的業績不好，如果不是因為自家產品的問題，一定是你的客戶根本不知道你的存在，也不知道你的價值，所以請善用 Bright 力量，每個月在你潛在客戶或貴人前面持續的照亮，總有一天，他們會變成你的客戶跟你的貴人。

讓貴人不反感的
無痕式行銷

　　如何寫電子信件才能 Bright ？我認為提供附加價值比提供專業價值更好。

　　專業價值會讓人感覺比較行銷，所以請把專業價值貢獻給客人，而當寫信照亮 Bright 的時候，盡量利用附加價值來吸引貴人，因為與其賣產品，還不如讓人信賴你！

📖 電子信中可以分享的內容

1、分享人生或工作上的體會與領悟。

　　將自己專業上得到的經驗或是碰到挫折，以正面積極的方式分享，同時也能給予對方信任感。

2、分享當月聽演講或參加活動的心得。

　　包括演講重點筆記彙整的心得，或是音樂會、展覽等活動資訊，創造共同的話題，並增加見面的機會。

3、分享當月讀書心得與啟發。

透過看書心得與對方交流，提供更多不同的資訊服務並創造機會。

4、分享當月出遊或食記的心得照片。

遊記、食記容易引起共鳴，可以利用照片和圖說的方式分享。

5、轉載網路文章。

一些健康小常識、生活小百科，或是勵志小品文，都很受大家的喜愛，但切記要在文章之前寫上幾行自我的心得，如此才能有自己的價值存在。

Bright 很重要，但內容要怎麼寫？

本身有專業，就可以利用 E-mail 來 Bright 分享，但是或許你會說：「我文筆又不好，也沒有什麼東西好寫，雖然一個月才寫一篇，但是這真是要命啊！怎麼辦？」

之前提到人的價值時有說到兩種：專業價值跟附加價值。當你的專業價值沒有辦法貢獻給別人的時候，還可以利用附加價值來貢獻。比方說在禮儀公司上班，就不能每

個月將你的專業放在信裡面來聯繫情感，若是還敲鑼打鼓的說買大送小，那就很恐怖了，所以這時就要善用你的附加價值。

有位上過人脈達人心法班的 OnlyYou 會員王龍輝寄給我的信件是這麼寫的：

「親愛的阿寶哥，我是○○旅遊的龍輝，日前我參加一個由某某銀行舉辦的讀書會，覺得不錯，幾月幾號也有一個讀書會，若時間允許，請阿寶哥跟我一同參與吧。祝生意興隆，○○旅遊王龍輝。」然後附件是報名表。

如果你是我，收到這封信之後，會有什麼動作？

可能每個人的反應都不一樣。有的是很高興，剛好喜歡看書，而且讀書會活動的時間剛好有空，於是就報了名，參加之後有收穫，還回信給龍輝，感謝他告知有這項活動。

有的人是比較冷漠，雖然他也喜歡看書，也報名了，不過卻沒讓龍輝知道，當然也沒有回信；還有一種人是很忙，剛好不能去，不過他沒有回信給龍輝參加與否。

不過這些龍輝在意嗎？

不在意。

為什麼？龍輝在意的只是要你記住，你有一個朋友在

旅行社上班，他的名字叫做王龍輝。而他所提供的價值卻是附加價值，是某某銀行花很多錢去借場地、請很知名的講師辦的活動，他把這家銀行的價值，變成自己的附加價值，然後介紹給朋友知道。

利用附加價值，創造無痕式行銷

後來龍輝又寄一封信給我，上面寫著十元遊坪林——低碳之旅的活動簡章。坪林是茶鄉，只花十塊錢就可以在坪林遊玩，這當中有多少利潤？完全沒有利潤吧？既然沒有利潤，為什麼他還要寄給我這個簡章呢？他是把我當客戶還是把我當朋友看待？

其實龍輝是在分享他的專業價值，能在眾多的旅遊行程中，找到最有價值的活動，然後介紹給朋友，這是他利用他的專業判斷所選擇出來分享的，不過這個專業價值，也不需要他絞盡腦汁寫一封文案來告訴大家，只要把活動簡章複製貼上，就成了一個 Bright 信了。

這就是 Bright 時寫信的祕訣，全然不用考慮自己的文筆好不好，只要善用附加價值，就可以成為一封有價值的信件。

又過了幾個月，我又收到龍輝的一封信。信中寫著：

「阿寶哥你好，由於外交部將於某年某月調漲護照規費四百元，如果你還未辦護照或護照即將到期，請提早辦理。王龍輝敬上，○○旅行社。」

當收到這一封信，如果剛好護照快要到期了，這時在限期內馬上去辦，就可以省下四百元了，如果這一封信再轉給你的朋友，朋友也因而省了四百元，請問朋友會感謝誰？當然會感謝你，雖然你只是順手轉信給他們。

這就是把附加價值變成自己的價值的例子。龍輝利用他的專業，挑選出跟他行業有關的旅遊新聞，然後轉貼貢獻出來，這是利用了他的專業價值。而當你收到這封信，覺得朋友可能需要這個資訊，於是轉信給朋友們，朋友也獲得了護照漲價的訊息，這是你利用了附加價值。

說不定這時剛好你的朋友想去香港，詢問你有沒有認識的旅行社？由於龍輝的 Bright 信，讓你對他有了好感、產生信任感，於是你給朋友龍輝的手機號碼，請他與龍輝聯絡，而龍輝就因此而多了一個生意。

這個就叫無痕式行銷，Bright 無痕式行銷。

網路文章也能借花獻佛貢獻出來

我還有一位朋友賴逸群更厲害，他會借花獻佛的數位照亮術，只要在網路看到有意思的文章，就在前面寫上兩三行自己的心得，然後轉信給朋友。

就像他曾經寄給我一封信，信裡是這麼寫的：

「親愛的阿寶哥，那天跟老婆參加聚會，老婆跟幾個姊妹淘就聊了起來，不經意偷聽了一下，她說好像大家都在講別人老公哪裡好、哪裡強，奇怪，都沒聽見覺得自己老公好。這幾天收到這封信，在講嫁給什麼樣的男人比較好，小賴就將這篇文章，分享給阿寶哥。」

注意，這裡的「阿寶哥」是用 OnlyYou 置換的，每一封信的範本打好，名字就在資料庫中尋找置換，所以收到信的人都會以為這是專門寄給他的個人信。

回歸正題。信裡那一篇說之有理的文章是小賴寫的嗎？不是，他只是借花獻佛轉信而已，但是小賴算是誠懇，他還在文章的前面想辦法擠出幾行字，就有辦法跟你產生共鳴。

如果你要做一個有知名度、有品牌的人，每個月要寄發一封 Bright 照亮的信件時，有時候真的想不出來內容，

就可以用這一種借花獻佛的方式來呈現，但是這不是長久之計，畢竟還是要慢慢訓練自己的專業，可以貢獻自己的專業是最好的。

不過雖然只是轉信借花獻佛，但小賴還有更進階的一招，當他要分享網路文章之前，就會努力找到文章的源頭，然後到作者的網站留言：

「〇〇作者你好，我看了您這一篇文章很感動，希望能夠把它轉寄給我所有的朋友，不知道你是不是同意，授權給我這樣做？」

如此禮貌的作法，作者當然感動萬分！小賴就因為這個動作又跟作者建立起人脈關係，這比交換名片還厲害，直接就登門拜訪、贏得人心了。

所以請多加善用別人的附加價值變成我們的價值，讓你藉此 Bright 照亮貴人，造就更多自己的知名度。

每一次照亮，
都在建立一次微信任

　　你的 Bright 照亮是短暫的「光芒」嗎？還是達到目的就會自動「關燈」？你永遠不知道什麼時候會遇到貴人，也不知道這個貴人經過後，會不會有接續的貴人出現。

　　所以請持續的 Bright，每月照亮對方，提供有價值的資訊，創造被利用的機會，讓貴人們能記得你，如此才能永續得貴人緣。這一篇就是從一張名片一封問候信，認識青商會蔡世寅總會長所開啟的貴人路歷程。

B計畫照亮貴人注意事項

1、不是單一事件而是長久計畫。

　　不因距離的長短或關係的親密而停止 Bright 照亮。

2、貴人會帶著其他的貴人而來。

　　每次都盡力做好 Bright 照亮，有了好口碑，貴人自然

會介紹其他的貴人給你。

3、藉由每月信件讓大家知道你的近況和專長。

　　每月照亮一次，一年出現十二次，當需要你的專長的時候，陌生人和朋友就會變成貴人自動找上門來。

🤝 與貴人每月持續的數位照亮

　　為什麼在成長的路程中，有機會讓很多貴人願意提拔我？其實並不是因為我優秀，而是我善用名片管理ＡＢＣ的方式來達成的。

　　一個電腦工程師，可以在青商會總會當到副總會長，這聽起來很不可思議吧？我在年輕的時候就參加青商會，我不喜歡喝酒，交際應酬，但是為什麼可以當到總會的副總會長？全都是因為一封信。

　　蔡世寅先生，我在 2002 年跟他交換過名片，那時候他已經當到總會的副總會長了。交換了名片以後，他住在台中，我住在台北，該怎麼跟他聯繫呢？那時候還沒高鐵，而且我又不善交際，怎麼辦？我選擇了 Bright 數位的照亮。

　　我寄了一封 E-mail 給他：

「世寅副總您好：農曆新年將至，先向世寅副總拜個早年，也與您分享寶仁多年來使用數位相機的心得。您可能不知道數位相機還可以這麼應用？（阿寶哥列舉十八個範例與您分享）」

在過年過節的時候，很多人都會習慣寫一封問候信或簡訊給自己的貴人，讓他知道你的存在、讓他知道你還記得他。我建議一定要這樣做，因為如果不這樣經常問候貴人，貴人也會慢慢把我們忘掉。

不過一般人在寫這種賀年信的時候都會寫：「大家好，農曆新年將至，先向大家拜個早年……」如果你看到這種信，會有什麼樣的感覺？

「大家好」的意思就是不差我一個，其實這種信交給公司寄就好了，如果是個人要寄出，當然要把對方的尊稱寫下來，即使已經很久沒有來往了，但是在 E-mail 裡掛上對方的尊稱，會讓對方感覺你是重視他、關心他，對方收到信、看了信之後，才會對你有印象。

所以記得寫出去的信要個人化，要把對方的尊稱放進來。

讓貴人有需要時就想到你

這封信的第二個部分，寫的是分享我多年來使用數位相機的心得。我充分運用每個月照亮一次信件的內容，讓對方知道我的專業、我的存在，而這次所分享的內容就是數位相機的十八招，你不可以不知道數位相機還可以這麼用！

因為我叫數位達人，所以我對數位的東西，一定特別敏感。我有這些專業和創新，如果只有我和我的家人知道，我就是一個很好的家長，但是如果把這些知識跟更多我的好朋友分享，就可以造福更多人，並且讓更多人知道我的專業，而被提攜的機會就愈來愈多。

我就是用這樣的精神，每個月跟朋友們分享我的專業、現況，也包括著蔡世寅先生。

我的貴人蔡世寅先生，在長期收到我 Bright 照亮信件之後，當他選上青商總會的總會長時，很多職務都需要安排人事，他就想到我的專長，相信透過我的數位能力我會讓整個青商會的 e 化發展得更好，於是他就邀請我擔任青商會的副總會長，來協助他會務的處理。

所以，我這一個不會喝酒、應酬的人，就因為常常跟

我的潛在貴人照亮，所以被提拔的機會多了。

但問題來了，青商會跟很多國際性社團都一樣，一年只有一任，做再好都還是要卸任。當你卸任了以後，曾經提拔過你的貴人，還會再想到你、還會繼續提拔你嗎？

🤝 貴人會帶著貴人而來

多數人可能都沒有這個機會，因為因緣斷了，可能這一段合作的共識機會結束，以後你在台北，他在高雄，沒有機會見面，就跟我們有很多小學、國中同學一樣，畢了業就很少聯絡，因為，沒有繼續跟他 Bright，所以就算他現在發展得再好，也不會提拔我們。

為什麼？因為他不知道你的存在跟價值，所以這個答案也可以應用在你失聯的同學上面。

就是因為這樣的道理，在我結束了青商會副總會長任期之後，我在台北、總會長在台中，我還是透過 Bright 每個月跟蔡世寅總會長照亮。

我照亮的內容還是一樣，以專長延伸的附加價值為主要內容，每個月就一封信。就這樣寄了兩年，我會進步會成長，我的貴人也會進步成長，而且他說不定他的進步成

長比我還快呢！

施振榮先生，台灣品牌之父，他是 Acer 宏碁集團的創辦人，也是十大傑出青年當選人聯誼會的會長。他當選十大傑出青年當選人聯誼會長的時候，聘請蔡世寅先生擔任他的總幹事，當時蔡世寅先生跟施先生建議，他有一個好朋友 e 化能力不錯，現在十大傑出青年遍布世界各地，如果能夠 e 化，又可以把他們從世界各地結合，是該往這方向發展。

蔡世寅總會長跟施先生推薦我，施先生點頭同意，於是我就成為十大傑出青年當選人聯誼會的副總幹事。也藉由這個聯誼會的關係，我有緣在施先生旁邊學習、兩屆六年的時間看他如何運籌帷幄處理會務，真的是我人生中的一個榮耀！

一位電腦工程師，因熱愛分享能透成為電腦補習班講師，進而出版「數位文件管理達人」成為電腦書作者，進而縮小數位文件的範疇到數位名片，轉型人脈經營講師，進一步向施振榮先生學習，再度轉型成為個人品牌講師，一位工程師能有這樣順利的際遇，全靠貴人提攜！

🤝 讓貴人知道你在哪裡

　　而到了這個聯誼會以後，我又遇到了更多貴人，因為五十年來所選拔的十大傑出青年都在裡面，第一屆的十大傑出青年錢復先生，我就是因為這樣的管道，也有機會跟他近身見面學習。

　　台灣大學的前校長陳維昭先生，也是十大傑出青年，而且他是接任施振榮先生的新任會長。我只是一位私立大學畢業的學生，卻有機會收到國立大學前校長每年都主動寄給我的賀卡，為什麼？就因為我是十大傑出青年聯誼會的服務幹部。

　　台灣省的前省長趙守博先生，也是職棒大聯盟的理事長；童軍協會理事長、美吾髮的董事長李成家，林懷民前輩、王建民、林義傑，也都是十大傑出青年，而趙守博前輩七十大壽的時候出版了兩本書，他辦新書發表會時，居然我也是他邀請的名單之一，他除了送書給我而且還請我參加午宴，公子結婚的時候我也成為受邀觀禮的嘉賓。

　　我為什麼有那麼好的機會？不是我很優秀，也不是他邀請很多人，而是我每個月都在他前面照亮，讓他留下印象。說不定他在準備邀請賓客名單時，忽然發現這個年輕

人還不錯，所以也請幕僚寄一封邀請函給我，所以我才有這個機會。

在 2003 年擔任青商會的副總會長時，我曾幫外交部辦了一個活動，所以有機會在公開的場合，跟當時的外交部長簡又新換了一張名片。交換了名片以後，部長應該不會記得我，但是我把他輸入到我的 OnlyYou 人脈資料庫，每個月都會寄一封信給他，等於每個月就在他前面照亮一次。

持續的 Bright 會得到回饋

部長會回信嗎？我要告訴各位一個殘酷的答案，我寄了五年信，部長沒有直接回過我一封。不過我也要感謝部長，至少他沒有回說，沈先生，你能夠不再寄了嗎？

為什麼他沒有這樣的回應？因為我寄信的頻率很低，一個月才寄一次，而且寄的內容是有價值的。不過這個價值，說實在是因人而異，可能對我有價值，對你不一定有價值，但是我設法盡量讓這個內容，是對大家都有價值的。

我寄給簡部長的信五年，沒有任何一封有收到回信，但是可能因為我寄的信內容還算有價值，他有時候還是會

打開來看。為什麼我會知道有開信？因為我利用 OnlyYou 寄信，這個系統有郵件追蹤功能，可以知道收信者是否有開信、點選連結等。

過了五年以後，簡又新先生成立了新的基金會，主動找我，希望我能夠到基金會幫忙，但是因為我的人生規畫，無法全職在那邊服務，不過後來簡又新先生撥一筆預算給我的公司，要我的公司來執行一項基金會的活動，後來也圓滿的幫他處理完畢。

所以現在我跟簡又新先生算是比較熟悉，有時候當他有電腦的問題時還會想到我，因為我每個月的一封信，可以讓他知道我是個電腦專家。

簡又新先生的故事是照亮了 5 年，與內政部入出國及移民署謝立功署長的結緣，則是照亮 7 年，在謝署長還是警官大學教授得時候，我就換了名片，經過 7 年的持續照亮，才有機會在謝教授榮升移民署長後，受邀到移民署對移民官演講「三招響亮公務員品牌」，也創下我演講生涯中對最多移民官演講的金氏紀錄。

人脈是經營愈久複利效果愈大，如果我是等謝教授當上署長後才開始經營，人脈經營的成效就不會如此顯著！

目前透過 Bright 方式經營人脈最長時間是十一年，2002 年 12 月 19 日年在青商會活動與擔任報社記者的曾季隆先生交換名片，持續 Bright 照亮十一年，曾執行長雖然沒有回過信，不過都有持續關注我的動態，創辦新報社後，看到時機成熟，特別為我做了一篇報紙封面專訪與深度報導，讓我更肯定ＡＢＣ人脈經營法的無限威力！

第六章
名片管理C計畫！
使自己成為
別人的貴人

C計畫 Continue 持續

　　C計畫的重點在於長期累積，要建立個人品牌，一定要長期累積才有辦法達成的！一旦願意持續這個動作、長期去累積，建立個人品牌就會很輕鬆，並且會水到渠成。

　　而經歷跟紀錄的累積，可以靠著經營自己的網站或部落格來呈現，加速對方對你的信任感。所以別忘了除了要持續讓自己成長以外，也要持續的在個人網站或部落格建立個人品牌，讓貴人有地方可以去注視你的表現。

C計畫：Continue 持續

　　重點：對的事情重複做

　　目的：輕鬆建立個人品牌

　　訣竅：建立個人網站，累積個人品牌

C計畫之如何持續與累積個人品牌

1、一個月至少寫一次有關個人專業的文章。

　　也可轉貼上自己每個月 Bright 照亮的信件內容，慢慢

累積寫作與觀察能力。

2、在文章中重複使用自己的專業關鍵字。

例如「名片管理」、「裝潢」、「旅遊」等，久而久之有此專業需求的人，就會很容易透過搜尋引擎的關鍵字來找到你的網站／部落格。

3、專業的文章愈多，愈容易讓對方建立信任感。

不管是搜尋關鍵字而來的網友，或者是剛交換名片而登上你網站／部落格的朋友，他們皆能因文章的內容而快速建立對你的信任感。

4、持續積少成多，千萬不要放棄。

從每月一篇文章可以增加到每月三篇，或者將寫網站／部落格當成每週功課一般的勤寫，持續累積就能看到成果。

經營網站來累積個人品牌

以前的人脈經營法，可能教你如何利用本身百分之八十的交際力量，去經營百分之二十的 VIP，這個理論剛好跟我的ＡＢＣ計畫相反，名片管理ＡＢＣ人脈經營法的效益，是運用百分之二十的精力，來照顧百分之八十沒有

時間關心的有緣人，它是多數的人都適用的法則，包含你的貴人也一樣。

　　每個月在貴人前面曝光，只要花百分之二十的精力就可以達成目的，因為每個月就僅要 Bright 一次，把信的內容和自己的價值想好，就可以透過電腦的軟體自動寄出去，所以這是個可以用很短的精力，就可以照顧多數的人的方式。

　　Continue 持續的力量，可以應用在建立網站、累積個人的品牌。建立網站有一個好處，它能累積你的經歷和紀錄，加速對方對你的信任感。

　　之前曾提到，信任感是完成交易的關鍵因素，一定要有信任的存在，才會去購買、才會產生交易。但問題是怎樣才能比較快速建立信任感呢？

　　其實可以透過你的經歷跟紀錄的累積來達成。現在很多人在交換名片之後，如果有意願想繼續交往聯絡，大多數會上網搜尋你的名字，看看到底你是怎樣的一個人？這也是在第二章曾談過的個人數位品牌之道理。

　　網路找到你是誰，你就是誰，黑白十分分明。如果平時就有做好「守門員」和「發球權」的動作，平時的經歷

跟記錄都透過網站的累積，就可以讓對方透過搜尋引擎找到這些內容，你便很容易讓一個陌生人因為網路上所得到的資訊，而對你建立起信任感。

網路是創造知名度的重地

其實我就是最佳的例子，例如很多演講的邀約，除了是口碑以外，很多都是透過網路去搜尋我設定的關鍵字，例如利用「名片管理」、「人脈經營」「個人品牌」的關鍵字來找到我的資料。

當這些搜尋者點選了被搜尋出來的資料、連結到我的網站之後，看到了十多年來的演講記錄和活動相片，以及許多人在上面留言、寫心得分享，便會對我有著正面的印象。

這時搜尋者雖然不認識我、沒聽過我演講，但他若是個正在找尋適合的人脈經營講師，他很可能就會因此而決定邀我演講，甚至當我的時間不能配合的時候，他們還是願意調整時間配合我的行程，為什麼？就是因為他們已經在我的網站看到我完整的經歷跟記錄，並建立對我的信任感。

這個成果不是一朝一夕就可以完成的，要透過累積，但是這個累積並不難，只要透過一個月一次的累積就可以了。如果你覺得經營網站好難，其實有自己的部落格甚至臉書也不錯，都可以累積我們經歷跟記錄。

不過，有沒有人覺得建立和經營部落格也很麻煩，所以遲遲沒有辦法去落實？如果你是因為這個問題而踟躕不前，就讓我來教你花幾分鐘就能簡單建立一個部落格。

先到痞客邦 www.pixnet.net 申請一個部落格，只要填個資料、打幾個勾，很快就可以申請好。之前提到 Bright 都要每月一次的數位曝光和照亮，所以現在開始就執行這個動作！

把要每個月一次要照亮朋友的信件內容，按右鍵全選複製；在自己的部落格首頁，按下「發表新文章」，然後把複製的內容貼在編輯區裡，最後再寫上文章標題，按下「發表文章」，這樣就可以完成一篇部落格的文章了！以後當人家打你的名字或你的專業，就可以找到這一篇文章。

每月一篇慢慢累積記錄與經歷

當學會編輯和發送新文章之後，或許你會開始嫌部落

格版型不好看、無法吸引網友來看……其實版面編排都是可以修改的，但是重點不在於好不好看，而是你開始做了這件事沒！開始每個月都要有一篇文章做累積才是最重要的。

一個月一篇，一年就有十二篇，十年文章數量會高達一百二十篇，我的網站就是這樣累積出來的，現在到奇摩Yahoo或google搜尋「沈寶仁 名片管理」，你可以搜到一萬多筆資料，而且我還發現若把沈寶仁換成阿寶哥「阿寶哥 名片管理」，資料數會多增三倍！

在十多年前，我就開始覺得個人品牌很重要，那時我每一個月寫一篇文章，首先會先把這篇文章寄給我的朋友們（那時候朋友不多，才五百多位），之後我會多做一個動作，將這篇文章複製貼上到我的網站上去累積，一個月一篇，一年就十二篇，寫了三年就有三十六篇文章。

三十六篇的文章，這樣的網站內容人氣會很熱絡嗎？會很多人跟你討論名片管理嗎？

不會。不過還好我早有自知之明，知道累積文章和累積網友是需要時間的，所以我還是持續做這件事，每個月就這麼一次而已，花不了多少時間，而且有時候還可以用

借花獻佛法，轉貼網路熱門的文章，並加上自己的心得評論，還可以更省時間。

就這樣持續的每個月放一篇文章到我的網站，到了第三年之後，有一天我回到家打開電腦欣喜萬分，因為居然有一個不認識的網友，在看了我的網站以後，留言詢問我名片管理的問題。

我為了回覆這個「第一名」的網友問題，找很多可以佐證的資料回覆他。之後慢慢的網站開始來逛的人多了，留言互動也開始熱絡了起來。

🤝 從無人留言變成貴人製造的網站

到了第五年的某天，有一位社團的負責人，來到我的網站留言，他說因為看了我的網站，覺得我的名片管理經驗非常豐富，所以希望能夠邀請我到他們的社團分享。而因為有了這一次演講的機會，我的兼職講師人生也自此開始。

因為開始演講，網路上便有人開始分享我的演講內容和心得，「阿寶哥」、「名片管理」一個一個的關鍵字出現。

到了第七年，演講機會愈來愈多。第十年，工商時報

的記者居然找到我，他以為我是人脈專家，還封我為「人脈達人」，請我到報社演講，這時候又更多人認識我了。時間相隔不久，城邦集團的 PCuSER 電腦人出版社發現了我，在《黃金人脈快速養成》專刊把我當封面人物報導，並且封我為人脈經營大師。

十多年前，我透過一個月一篇文章的分享，慢慢累積我的經歷和紀錄，到今天讓我有機會被稱呼為人脈大師，這個就是 Continue（持續）的作用。

說完了我的經驗，現在讓我們來假設一下，今天大家買了我這本書、看到了這篇文章，過了三年之後，如果有機會再開讀者交流會，那麼來參加的讀者會有兩種狀況：

第一種人，網站已經累積了三十六篇或者更多的專業分享，在網路上搜尋他的名字和他的專業時，至少有三十六篇文章可以被搜尋出來，如果網站經營有開花結果，搜尋到的資料可能到三百六十筆，甚至三千六百筆；但是另一個狀況是，同樣看了我的書卻一直觀望的人，這時搜尋他的名字和他的專業，居然會出現查無此資料！

三年的差距就會是天壤之別。

所以如果你看了這本書覺得有道理的話，一定要開始

執行，而且這些方式真的不難，一個月三十天就只要擠出一篇文章，如果真的想不出來，也可以搜尋關於你的專業相關文章來轉貼，但是請記住版權說明，而且前面要至少加上三行你自己對此文章的看法。

如果你是一位需要有人支持，更能強化行動力的人，那麼，就讓我來協助你。

ABoCo.com/Action 是我網站的互為貴人登錄區，也可以掃描下方的 QRcode，在公開欄位中宣示你開始 Action 的決心，讓我和網友們一起互相支持，一起前進！

很期待你能夠透過這本書能開始立刻行動、Continue 持續努力。

把未來的夢想
印在名片背面

在持續努力使自己的價值讓更多人知道時,別忘了名片所藏著的力量,同樣也能散播訊息,吸引各方貴人前來協助。

只要多加利用名片的背面,印上你的夢想箴言,如此在交換名片時,便給了對方一個訊號,當對方看到這些夢想後,可能會提出有益的建議和支持,甚至變身為貴人幫你牽線,讓你更快速的完成夢想。

C計畫對於實踐夢想之注意事項

1、將夢想印在名片背面。

讓更多人鞭策你、為你打氣(或洩氣),也可能因此而遇到貴人來指引方向,更靠近夢想的前端。

2、不好高騖遠,先求完成近程夢想。

以能力所及、最可能達到的夢想為主，例如工作所需、家庭願望，或者是從小的夢想而現在可能有辦法做到的事。

3、做出規畫，持續努力的做到。

堅持持續努力的毅力十分重要，不半途而廢，照著簡單又可持續的方法，一步一腳印的達成夢想。

請收下我的未來夢想名片

我不是讀中文系出身的，為什麼我有辦法出書？因為這是我的夢想、努力要達成的近期夢想，所以我的某些人生磨練和經驗，都是為了這個夢想而努力。

在我的人生計畫中，有一個很大的目標。還沒出書之前，我就在我的名片背面印著「人生有夢，築夢踏實」這八個字。當時我的近程夢想是，先成為一位能讓學生舉一反三的電腦講師，然後出版一本運用現代科技、提升生活品質的著作。

把「人生有夢，築夢踏實」印在名片背後有什麼好處？可以引來貴人來相助。當與人交換名片時，有些人看到名片上「有夢」，就會詢問我的夢想是什麼？而我也真的因

為這樣而遇到伯樂，有個朋友在跟我交換了名片之後，知道我想出書的夢想，便告訴我他剛好有出版社的朋友，可以幫我介紹給對方認識。

雖然最後我的書並未給那家出版社出，但是我很感謝這位朋友的貴人相助，給了我更多出書的選擇與瞭解。

一張寫著夢想的名片，可能因此而遇到伯樂，這個很簡單的方式卻很少人去做，反過來想想，為什麼很多人會說：為什麼都沒有人幫我呢？

是別人不知道要怎麼幫你。

所以有時候每發一張名片，都是對自己的惕勵，也是讓貴人出現達成夢想的方法。我的夢想，出一本屬於自己專業的書，感覺真的很遙遠，但是每發一張名片以後，對方就會對於這個夢想噓寒問暖，令我又重振精神，然後Continue 持續努力。

未來是要靠現在的努力來實現

為自己創建一張未來夢想的名片，是既正面又激勵的好方式。這一張背面寫著「人生有夢，築夢踏實」的名片，在使用七年之後，我終於完成人生中第一個著作《數位文

件管理達人》，而在這個圓夢的過程中，我也開始慢慢轉型，從一個單純的程式設計師，變成《數位文件管理達人》的作者，直到現在經營人脈管理並出了這本書。

或許你也想要利用這種方式來激勵自己、完成夢想，但是手上拿的是公司印的名片，不可能自作主張使用空白的背面，來印上自己的夢想或格言……不過別忘了，每個人都可以擁有自己的名片，也代表了你可以利用不同的名片來呈現不同身分的自己。

你可以自行設計新的個人名片，加強輔助公司所給的主要名片，也或者公司對於名片的呈現，只有部分是需要一定格式，這樣的話，你便可以在名片背面設計上新的內容。總之，辦法都是想出來的，如果想達成目的，就要找尋最佳方法來解決。

話說成為一位能讓學生舉一反三的電腦講師，是我的第一個夢想。我原本是個程式設計師，在寫程式有了心得之後，便到大亞電腦、巨匠電腦當講師，希望可以造福更多人。那時希望學生在課堂上能夠有一些回應，所以在設計教案時都特別努力用心，希望學生能透過我所設計的教案，可以舉一反三、收穫更多。

這個是我當初希望能達到的夢想，我很用心在執行這個教學概念，所以認真說來，這個夢想是有達成的。不過第二個夢想就比較困難一點：出版一本運用現代科技、提升生活品質的著作。

夢想的達成要靠「持續」

我常想，當我離開了世界以後，會想在這世界上留下什麼？著作，我的著作，所以我總覺得在我的人生當中，一定要有一本能代表自己的書。但是問題是，我怎麼寫？於是我便開始每個月寫一篇關於自己專業的文章，先寄給我的朋友，順便放到網站上去累積文章量。

不過這一種累積，有時候真的是很辛苦，因為畢竟我文筆不好，有時候真的是很大的壓力，尤其是每當一個月又到了、準備要發信給大家時，但是內容都不知道要寫什麼才好，還好我有 Continue（持續），並且給自己要求，告訴自己如果連一個月寫一次自己的專業卻都寫不出來的話，怎麼可能在專業上脫穎而出？

所以如果你也有這個出書的夢想，也希望能因為出書而盡速建立知名度，一定要想辦法把專業寫出來，文字不

求長，每次只要五百個字短文就好，慢慢累積寫作能力，以及觀察的敏銳度。當寫不出來的時候，別忘了為客戶解決問題也是你的專業之一，當回覆客戶詢問你的疑難雜症之後，也可以將它變成文章的內容，如此就可以變成一個月一封信的主要內容。

沒有文筆，可以慢慢磨練；沒有內容，可以慢慢訓練敏銳度，不管如何都一定要持續的去做，這就跟小時候我們讀過的課文「鐵杵磨成繡花針」一樣，有朝一日必能達成夢想，完成願望。

打響知名度的捷徑：
出版你的專業書

　　要快速建立自己的知名度，利用出書這條捷徑很實用，但是並非人人都有辦法請出版社幫你出書，這其中包含很多不確定的原因，所以另一個出書的管道就是自己來主導出版！

　　一本只要 24 頁的特刊也是書，一張 A4 紙折成頁的微小書也是書，它們都是讓你呈現自己專業的好方法，不用多年的功力累積，就可以達到出書宣傳的目的。

C計畫自己出小書注意事項

1、不要當成產品說明或型錄。

　　一本衛浴產品的目錄和一本教你如何 DIY 更換水龍頭的小書，相信你會把實用小書留下來收藏。

2、利用專長設計內容。

例如專長在於水電方面，便可以設計 DIY 維修、顧客常發生的疑難雜症單元，然後再順勢擺放一些相關要行銷的產品。

3、八頁微小書注意視覺感。

不想什麼內容都想塞進這麼小的空間格式，簡單明瞭才會讓人想從頭到尾閱讀完畢。

4、八頁微小書內容可經常更新。

由於微小書機動性高，列印又便利，所以每次可以少量印出，一段時間就可更換與即時生活或工作吻合的內容，或增加自己的金氏紀錄，讓它真正變成一本隨時出刊的「書」。

出書的方式不只一種

更快速的達到打響知名度的方法是有的，最快的捷徑，就是出版你的專業著作。每個人都有自己的專業，如果可以把這些專業全部彙集成書的話，你的知名度就可以快速的提升。

但是出書絕非想像中的簡單，但也不是困難到無法達

成，因為出書的方式很多，就看你如何詮釋「出書」的定義。

出書除了可以依循正常管道，先累積作品再找適合合作的出版社之外，還可以自行付費出版屬於自己的書，甚至還有一條龍從頭到尾幫你包裝的自費出書方式。

我認識一位講師，他就有開一個相關的課程，教你如何成為出書作者。在兩天之中，會把寫書、出書的祕訣都告訴你，並配合多家出版社，讓你可以因此而快速出書，所以這是一個管道，就看你是否要如此達到出書的目的。

另外一種管道是，找寫手來幫你完成夢想。很多已經有名望、知道很多 Know-How 的人，會說但不見得會寫，於是便可以找個寫手幫他記錄，這也是一個方法。

如果一個月一篇文章，你可能要累積到三、五年後才能準備出書，若是覺得到時候也無法集結成書的話，還有一個簡單完成出書夢想的「撇步」，既然一本五、六萬字的書難度太高，太難以達成，那麼我們就來寫「小本」的。

不用透過出版社就能出一本書

寫成五、六萬字的一本書，漫漫長路、終點似乎看不

到，或許你可以在這時先把自己的專業寫成 24 頁所需的字數，就可以「出書」了。

為什麼是 24 頁呢？因為一本書只要超過 24 頁，就可以到國家圖書館申請 ISBN 條碼，成為有向國家登記的書籍作者。我在出版這本書前，就沒有透過出版社發行，自行向國家圖書館登記自行出版了 32 頁的《人脈經營寶典》，讓我又多了一本著作。

一般的書籍能不能出版上市，是需要處理很多的問題，要得到出版社的認同、選擇哪家出版社，也是需要花費時間跟精力，但是這一本僅有 24 頁的「寶典」，就不用等出版社的認同了，自己花一些經費，就可以印出來成書。

不過若要印出這 24 頁的小書，成本不低（雖然比起自費出書是便宜許多），一次就要印個一千本，而且還要找人設計版面，但是如果你是公司的負責人、一年都要印一本宣傳目錄，或是極力想推廣自己的人，那麼這些花費就太值得了。

因為拿公司的宣傳目錄送人，對方會覺得沒價值，就算印得再精美，還是一本廣告目錄，不會想要翻閱或收藏，但是如果把它寫成類似成一本書，利用自家的專長，教人

如何選擇合適的產品、使用妙方，內容就像是市面上販售的特刊或實用書，相信拿到這本小書的人，會比較願意翻閱與保留。

但是注意，在書裡不要太著重於介紹自家的產品，因為書裡若是行銷太嚴重，大家還是會覺得裡面都是廣告文，跟廣告型錄沒兩樣。

🤝 出版你專業的著作的八頁書

如果連一本小書都還做不出來，或覺得費用太高不合算，還有一個辦法，小書做不成，那就出個微小書。

《MyBook 我的 8 頁品牌書教學寶典》是我的最新著作，第一個好處是可以大大的降低印刷的成本。一本小書印刷加上設計，可能第一刷每一本的成本就要二十元，但是這個微小書，所用的紙張只是 A4 的影印紙一張，你可以自行影印，或者印的量比較多、想要更便宜，還可以拿去學校附近的影印店印出。

第二個好處就是一張有八頁，內容的撰寫也不會造成你的負擔。如果要把自己的專長寫上 24 頁，可能會有一點壓力，但是寫成八頁，是不是頓時就感到壓力就減少很多？

而且我也已經把八頁的內容，都幫你設定好了，只要看下面的範例照著做，很快就能出這本微小書。

另外還有一個好處，一般人如果只是拿到一張紙，很可能會隨手丟掉，但是這種八頁的微小書，卻會讓人想收藏起來。

微小書其實是自古以來就有的東西，很多人稱呼它為八頁小書。只要拿一張 A4 的紙，折疊成八分，中間割一道痕，透過特殊的折疊方式就可以變成一本書。試問拿到一張名片和這個八頁的微小書，哪一個會比較有吸引力呢？

微小書成本很低，而且可以隨意改版，利用印表機就可以印出。我已經規畫好如何利用這八頁來當成自己的最佳宣傳小書，你也可以如法炮製，或者更換上自己更實用的單元。

自製一本《我的品牌手工書》內容設計

第一頁，照片和口號。

建議可以放自己的照片和姓名，還有你的 Slogan，一句可以代表你價值的響亮口號，記得也放上去。

第二頁，品牌故事。

因為頁面大小和觀看感受的關係，一百五十字以內的自我介紹比較適合，簡單明瞭的介紹即可。

第三頁，品牌價值。

你可以提供給別人的專業價值是什麼？附加價值是什麼？這些內容可以放在這一頁。

第四頁，商品介紹 1。

如果你是在銷售一些商品，可以把商品照片和簡介資料放在這裡。

第五頁，商品介紹 2。

因為第四頁和第五頁是合在一起的，所以可以都放一樣的內容，或者放上與專業有關的分享。

第六頁，品牌實績。

寫上個人的經歷、最大的成就，或者金氏紀錄有哪些。很多人拿到名片或微小書時，都喜歡看這部分，這也是溝通聊天時的好題材。

第七頁，聯絡方式。

基本上名片的內容都可以放上去，因為這一小頁比一

張名片還大，所以名片放得進去的內容，這一張都可以放進去。

建議可以善用 QR CODE，就是一個掃瞄的條碼，只要在智慧型手機安裝了掃瞄的 APP，當對方跟你換名片後，不用建檔，只要打開掃瞄的 APP，對準 QR CODE，聯絡資料都可以馬上呈現在手機上。關於設計 QR CODE 的教學，可以網路上搜尋相關的教學。

第八頁，品牌願景。

你可以放上座右銘，就像我的座右銘是「找到定位，貢獻價值，分享宣傳，持續做到」我便將它放在此頁。這一頁剛好是你的封面底，所以很容易讓人家看到，若是設計的好，就會讓人產生繼續翻的動力，然後看到這微小書的完整內容。

至於這八頁的版型，請到 MyBook 我的 8 頁品牌書 http://OnlyYou.tw/MyBook，下載原始檔案，只要把檔案內容改成你的內容，就可以跟我一樣，印成這樣一本精美的文宣。

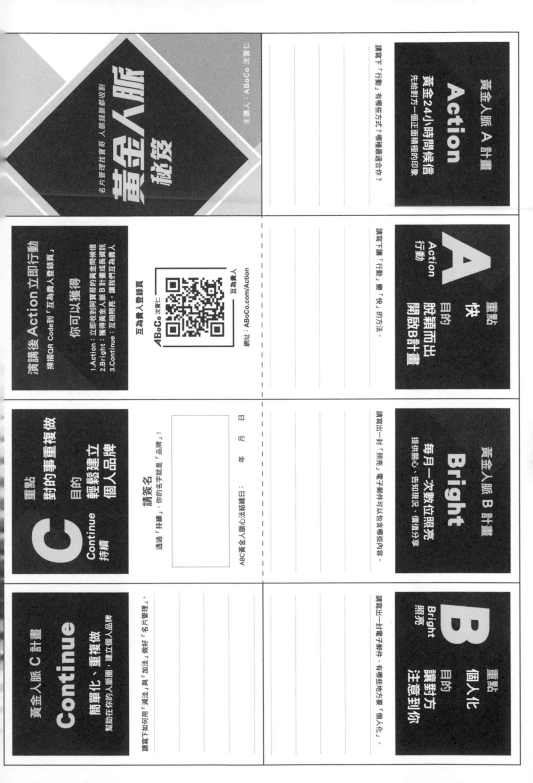

黃金人脈 祕笈

名片管理找貴哥　人脈錢脈都收割

黃金人脈 A 計畫

Action

黃金24小時問候信
先給對方一個正面積極的印象

請寫下「行動」有哪些方式？哪種最適合你？

A

重點　快
Action 行動
目的　脫穎而出
　　　　　開啟B計畫

請寫下讓「行動」更「快」的方法。

演講後 Action 立即行動

掃描QR Code到「互為貴人登錄頁」

你可以獲得

1.Action：立即收到阿寶哥的黃金問候信
2.Bright：獲得黃金人脈 B 計畫成長資訊
3.Continue：互相照亮，讓我們互為貴人

互為貴人登錄頁

ABoCo 沈寶仁
網址：ABoCo.com/Action

黃金人脈 B 計畫

Bright

每月一次數位照亮
提供關心、告知現況、價值分享

請寫出一封「照亮」電子郵件可以包含哪些內容。

B

重點　個人化
Bright 照亮
目的　讓對方
　　　　　注意到你

請寫出一封電子郵件，有哪些地方要「個人化」。

C

重點　對的事重複做
目的　輕鬆建立
　　　　　個人品牌
Continue 持續

請簽名

年　月　日

透過賣人心「持續」，你的名字就是「品牌」！

ABC黃金人脈心法結語：

黃金人脈 C 計畫

Continue

簡單、重複做
幫助在你的人脈圈「建立個人品牌」

簡單化、重複做　建立個人品牌

請寫下如何用「減法」與「加法」做好「名片管理」。

第七章
經營人脈貴人來！
一起拉入貴人圈

開始行動！覺得阿寶哥幸運嗎？
我們一起開始ＡＢＣ！

　　觀望是得不到東西的，聽演講或看書也只是能吸取知識，無法變成自身的能力，吸收知識可以讓你增加重量，唯有行動才能讓你轉換為能量！

　　在告訴了你這麼多的人脈經營理念、如何利用ＡＢＣ計畫和 OnlyYou 工具輔助人生與事業，如果不去執行，貴人還是不會出現你身旁的，你永遠也不會成為自己和別人的貴人。請開始行動吧！

讓貴人能發現你的座右銘

1、找到定位。

　　找到專屬的定位，在自己專業的小區域發光發熱。

2、貢獻價值。

　　如果沒有貢獻他人的價值，再高的知名度都是短暫的。

3、分享宣傳。

分享不是損失，分享是在播種；適度的宣傳讓貴人知道你的存在。

4、持續做到。

持續才能長期累積成果，持續才能將光芒照亮自己和貴人。

認真做最重要

你知道哪一個星座最容易讓自己的知名度鍍金、吸引貴人的目光？答案是處女座。是的，我九月一日出生，我就是處女座。

處女座的人雖然很龜毛，不過相對的很細心、注重細節，以及很堅持。例如當我找到了一個ＡＢＣ計畫的模式可以經營人脈，我就透過處女座的精神，讓它優化、把它愈做愈好，所以我持續做，也因為如此，所以我有機會成為我專業領域中的達人。

不過如果各位不是處女座的，沒有關係，因為我發現能不能成功，重要的不是星座問題，而是你知不知道這樣

做！如果想要建立知名度，結果都用一些網路爆紅的方法，做奇怪的舉動，但是卻不知道先把自己的價值建立好，再來建立知名度，這樣的爆紅法，之後經營的會很辛苦。

不過現在你知道了這個成功的原則，接著很可能會有一個狀況發生，那就是你會用一堆理由改天做！大家都知道經營人脈很重要，但是，今天你可能跟我換了名片、跟旁邊的朋友換名片，回家後一想到 Action 要寫什麼？想不出來，算了，明天再寫好了！明天再明天，一天過一天，後來都不會做了，所以無論如何名片拿到手一定要今天做，趕著在晚上十二點以前完成。

其實黃金二十四小時只是一個概念，最主要是希望大家要知道「今日事今日畢」的重要，就算你是個很用功的人，看了很多相關的書、聽了很多演講，但這些名人或講師的成功都不會是你自己，除非你今天做，因為你今天不做，就會改天做，改天做就不會做，沒有實踐的能力都沒用。

我是實踐天天做的人，每天都會換到名片，也都會透過名片管理ＡＢＣ計畫來累積人脈，現在已經累積了一萬六千多位了。

知道觀念還不如親身實踐

不過我覺得很可惜，自己實行這個 Know-How 只是最近十幾年的事，之前我也流失過很多貴人，我曾想，如果我在學生時代就能夠有這樣的觀念跟工具，現在可能有更好的發展，因為貴人的一個提攜，你要到什麼境界都不知道。

雖然如此，我還是對目前的工作怡然自得，因為我透過ＡＢＣ計畫，不只讓自己經營人脈更輕鬆，也把這個方法公開跟大家分享。我很期待大家都能跟我一樣，能夠將複雜的事情簡單化，只要掌握好的方法跟工具，先從一分鐘的輸入名片開始，進行名片管理ＡＢＣ計畫，然後認真的重複做，你的競爭力一定會比不知道這個 Know-How、沒有工具的人強得多。

其實很多的演講和書籍，大家聽完看完觀念以後，拍拍屁股或闔上書就走，你會知道Ａ老師是講這個理論，Ｂ老師講那個概念，但是這些聽過、看過的內容其實都不會再有任何實質的助益，所以我很希望大家一定要行動，要跨出 Action 的第一步。

如果你的年紀大，很質疑自己這個年紀學得會ＡＢＣ

計畫嗎？其實這是毋需擔心的，目前使用這個ＡＢＣ計畫最年長是群英企管顧問公司的吳政宏董事長，他當年開始學習這套系統時是七十歲，連一個七十歲的老人家，都與時代同步，利用ＡＢＣ計畫來處理人脈問題，而且還因此省下一位祕書聯繫人脈的費用，你還有什麼藉口呢？

還等什麼？開始行動！

開始行動不怕晚，就怕沒有行動！最後跟各位分享十六個字的真言。

第一個就是找到定位，在這本書中已經提過要怎麼定位，有反敗為勝的自我定位術、金氏紀錄的自我定位術等，當你找到一個可以持續精進的世界紀錄以後，就要開始貢獻價值，持續的貢獻，然後分享宣傳，要記得學會分享，分享不是損失，分享是在播種，最後持續做到個人品牌。一定要持續，當你持續做到，才會有長期累積的結果。所以這十六個字就是——

找到定位、貢獻價值、分享宣傳、持續做到！

從擁有知名度到遇見貴人、受貴人重視這一連串的過

程，不會因為你知道這個原理而擁有，而會因為你行動了而具備，所以還是要再次提醒，光是知道是沒有用的，一定要立即行動。

我曾經上過圓桌教育基金會「改變的力量」課程，對我收穫頗多、改變很多觀念。在課程中有一堂課，最主要的內容是說：「我們無法從相同的現在，得到不同的未來。」

我很認同這個看法，所以想要不同，唯有立刻改變！承諾是改變的開始，特別是公眾的承諾，會讓你因為受到壓力而努力去執行，非常歡迎讀者到我的網站留言公開承諾，與更多積極的網友一起ＡＢＣ，網路結緣互為貴人！

最後希望大家都能透過這個簡單執行的ＡＢＣ概念，跟有一個很簡單的工具 OnlyYou，改變自己人脈經營的方式，讓每個人都可以透過找到定位、找到價值，來讓自己更有影響力，除了吸引貴人的注目之外，也能成為別人的貴人。

我會持續往這條路上努力的。

在前文中，我曾經提到期待未來 ABoCo 這個自創的英文單字能夠在英文字典中出現。當它出現時，希望 ABoCo 的定義是ＡＢＣ心法 +OnlyYou 工具，解釋則是創新、熱誠、

分享。而箇中的精神，則代表著我會像ＡＢＣ傳教士一般的努力，幫助更多人不必交際、喝酒、應酬，就能建立好人脈！

ＡＢＣ計畫最佳範例
阿寶哥的貴人一路響叮噹

　　因為聽胡立陽老師的演講主動交換名片，有幸被他引薦到華人講師聯盟成為祕書長，進而屢遇貴人，開始與眾前輩一起出 CD 合輯以及書籍。

　　與其說運氣好，不如說是我的習慣好，只要交換到一張名片，便會進行名片管理ＡＢＣ計畫，只要持續的去做，一路上都有貴人相助。切記結交貴人的最快方式是，自己先成為別人的貴人，到最後互為貴人。

ＡＢＣ好習慣，老師變貴人

　　2007 年 6 年 26 日星期二，我去聽胡立陽老師演講，想當然爾一定會跟他交換名片，因為很難得聽大師的演講，也想與他結緣。

　　於是在聽完老師的演講之後，回家馬上就執行Ａ計畫 Action，寄了一封問候信和一個提醒的簡訊給老師。由於原

本就有準備好的範本，在聽演講的時候也已經決定要寫出哪一句收穫最大的觀念告訴老師，所以寄出的時間很快，相信內容也讓老師印象深刻。

但是印象深刻有沒有用，還是會忘記，於是我便每個月 Bright 寄信給老師，複雜的事情只要簡單化，就有力量了。

我們不能期待寄給老師的信件一定能收到回信，但是一定要想辦法讓信裡的內容，可以讓老師感覺到有價值，他不回信，但至少會記得我。而且我們一定要讓每個月的信件內容可以持續精進，讓內容更好、更有價值，這樣會讓收信者（包括胡立陽老師）更有回信的意願。

實行ＡＢＣ計畫是我的習慣，並非刻意要寄給胡立陽老師的，因為這十幾年來只要有緣結緣，我就一定會做這個動作。不過我很感謝胡立陽老師，當天寄信給他，隔天就收到他親自打給我的電話。

他很客氣的告訴我說，謝謝我寄信給他，他也知道我是一個兼職講師，而他剛好是世界華人講師聯盟現任的會長，裡面有很多很知名的講師、每個月都有固定的聚會，他邀請我參加他們的例會，要介紹更多講師讓我認識。

這簡直就是天上掉下來的禮物，我沒有期待老師會回信，而且還回的那麼快，所以我很感恩他願意來提攜我這個後輩。

🤝 貢獻價值，獲得肯定

到了華人講師聯盟，我遇到了非常知名的講師群，例如曾在 TVBS、壹電視、現任三立新聞台氣象主播的李富城老師，甚至像戴晨志老師、方蘭生老師也曾參加我們的活動。

這裡有非常知名的講師，遇到了這些講師，我第一個動作，還是跟各個老師交換名片，黃金二十四小時寄出問候信，持續的 Action，讓那些老師對我有個印象。不過給講師們的 Action 內容，我還會多寄一樣東西——大合照，當幫大家拍完大合照之後，回去就 Action 寄給大家，所以我 Action 的信件，應該又比別人多出一些價值。

參加了幾次例會，我發覺這團體很棒，於是每個月都參與，結果去了四個月之後，胡立陽老師就告訴我說，希望我能來幫忙。

他認為我目前的資料庫，應該比祕書處還完整，因為

華人講師聯盟是一個非營利的聯誼組織，沒有專人在負責這方面的事務，他希望我能來幫忙有關聯繫 e 化的這一部分。

我們每個人都希望對方可以成為我們的貴人，但是其實最快的方式，是自己先成為別人的貴人，到最後互為貴人。所以當胡立陽老師提出需求時，我當然馬上答應說沒問題。

發揮所長，成為別人的貴人

我負責最重要的例會訊息內容的發送，捨棄了大鍋頭的「大家好」模式，利用 OnlyYou 置換每一個老師的名字，每一封簡訊彷彿是特別為貴賓而發出的。自從我這樣設計簡訊以後，那些之前可能因為講課很忙、一年也沒有來幾次的老師們就都來開會了，因為來的人多了，磁場就旺了，吸引更多人來開會，於是每年來參加的會員就愈來愈多。

為什麼會愈來愈多人參加？因為我用了郵件追蹤的功能，可以因此知道到底哪些人對這些信是很有興趣的，或者甚至去詳細看內容，然後再努力把內容設計的讓更多人喜歡與適用。

我發揮我的附加價值，將講師聯盟社團變成我的價值，貢獻給我這些年聽過演講的老師，一共將近五百多位。他們收到我的訊息，剛開始不明瞭華人講師聯盟是個什麼樣的組織，但是每一個月我都會寄出一封開會邀請及聯盟近況介紹，以及讓他們瞭解這個團體的功能，在這樣持續了快半年的時間，這些老師就一個一個來開會。

　　來了以後，好多老師都告訴我說，謝謝我長期給他們這麼豐富的資訊，來到這裡，看到那麼多講師，覺得這個團體真的很棒！他們想要加入，並請我當推薦人，他們說我是他們的貴人。

　　聽到這些老師的誇獎，我很慚愧，我只是拿我參與的社團變成我的價值，去貢獻給那些不知道的老師。結果因為持續 Bright 的功能發揮，華人講師聯盟在聯誼草創時代有近半數的會員都是我介紹入會的。

從聽演講的人，到世界華人明師

　　胡立陽會長卸任後，接任的陳亦純會長提攜我成為祕書長，是我人生中的重要貴人，李富城會長接任後續聘我擔任祕書長，2009 年在會長的帶領下，包括我在內的十四

位老師一起出版了一本書《陽台上的人：14 位企業講師的成功智慧》（誌成文化），這十四位老師之中，包括了當過立法委員、台鹽董事長的鄭寶清先生，真沒想到我的名字居然有機會能跟台鹽的董事長，在一本書上同時出現。

這一本書首刷就印一萬本，七千本是讓作者們自己買回去。基本上這七千本書在每一個老師演講幾次之後就全部賣掉了；另外三千本，則放在實體和網路的書店販售。而這本書的版稅共有三十多萬元，全部都捐給公益團體。

而也因為這些書大部分都是講師的學生所購買，有些學生因為跟某老師買了書，然後在書上看到我的文章和資料，也來報名我的課程；也有些人看到我跟鄭寶清先生的文章在同一本書，認為我和鄭寶清先生很熟，想透過我邀請鄭寶清先生演講，這樣費用就有友情價了，其實我們就是同一個團體的會員，我當祕書長而已，不過因為這一本書的循環魔力，成就了人脈的力量。

至今 2014 年六月中旬，台北舉行世界華人八大明師演講大會，中華華人講師聯盟評選小組為此特地開會討論，憑著實務經驗、演講經驗、舞台魅力、實際績效、學歷與理論基礎等，從會員中提名三人代表成為此盛會主講人：

華人講師聯盟的創辦人張淡生先生、中華華人講師聯盟首屆理事長林齊國先生，以及我沈寶仁，我何德何能可以跟這些前輩一起成為八大明師代表，但另一方面心裡真的覺得很高興、努力受到肯定。

從聽胡立陽老師的演講因緣，進入了華人講師聯盟，九個月後當上祕書長擴展會務，後來跟胡立陽老師等知名老師一起出演講CD合輯、出書，一直到成為世界華人八大明師之一，這個過程與其說運氣好，不如說是我的習慣好。

我每換一張名片，透過名片管理ＡＢＣ計畫的方式，讓名片變成我的人脈資源，而我盡量把資源變成我的價值，然後貢獻給大家，就是那麼簡單。

ABC計畫最佳範例
把各領域達人拉入貴人圈

　　BNI 商務會議以「Givers Gain 付出者收穫」為核心精神，一個行業只有一位代表，企業家在此只有合作，沒有競爭，創造貴人合作團隊。

　　我在加入之初，覺得這裡是一個可以認識各種領域專家的好地方，加入後發現 BNI 的精神與ＡＢＣ人脈經營的價值觀完全吻合，並提供一個可以學習操練的平台，讓成員們實際感受魚幫水、水幫魚，因此，我在此會用較多的篇幅介紹 BNI，希望大家都能體驗到在 BNI「持續付出，專業收穫」的美好。

一場付出者收穫的商務會議

　　BNI(Business Network International) 是由知名的口碑式行銷權威 Ivan Misner 博士於 1985 年創立，是一個商業性組織，這個組織提供會員業務引薦與異業合作的優良環境。

目前，BNI 在全球共有五十六個國家、高達十六萬名會員，2013 年共創造出 65 億美金引薦的金額，會議每週固定舉行，時間為早上六點四十五分至八點三十分，所以 BNI 商務會議又被叫做 BNI 早餐會，會員在信任的基礎下建立長期有意義的人際關係，互相引薦生意。

　　透過早餐會，BNI 已經篩選了一批養成早起習慣，盡量沒有夜生活的商務人士，而在 BNI 中，規定每個行業只能有一位代表加入，如此可將同行競爭者排除在外，每一個會員均可以做到自己領域中的生意，且不只服務所屬分會成員，還有分會成員背後的龐大人脈。

　　一開始我就很喜歡 BNI，因為每次的早餐會議都有一個特色，每個人都有一分鐘商務簡報，短短的一分鐘，把你代表的商務價值呈現出來、讓與會同伴都能記憶深刻，因為當大家愈能瞭解你的價值，愈信任你，愈能有密切合作的契機。

　　雖然沒有規定每一次的商務簡報都要不同，但是每個人都把這個一分鐘當成是自己的舞台，盡情的發揮專業和創意，每個一分鐘就猶如一個精采的小故事，吸引著大家

目不轉睛的聽下去。

　　我很推薦大家有空能到 BNI 商務會議，觀摩專業人士如何做好商務簡報行銷，甚至若是行業沒有衝突，也歡迎一起加入 BNI，共創合作佳績。因為 BNI 規定，每個分會中的每一個行業只能有一個絕對沒有該領域的競爭者，也就是說，當我進了長虹分會，我代表的行業是名片管理，那麼這個分會就不再接受類似行業的會員進入。

不是直接推銷而是連接合作

　　這樣有什麼好處？因為這裡不談買賣，只談密切合作，共創新的版圖市場。每個會員入會之後，都會畫出目前所擁有或未來希望合作的產業連接圖，然後統計哪些產業是會員共同需要的、哪些會員擁有相關的產業人脈，如此就能互相幫助，甚至異業結盟。

　　例如我和星象風水專家陶文老師的行業連接圖，居然八項之中有七項相同，我們互相的引薦度一定最高！於是在機緣間，我引薦了陶文老師到國泰人壽開課，課程內容十分受歡迎，沒幾個月就連續受邀數場演講，成功銷售超過 4800 本開運書，算是 BNI 商務引薦中的夢幻引薦。

在 BNI 引薦生意不需要提供佣金，我會引薦陶文老師給我背後的人脈是因為每週開會互相了解所產生的信任感，陶文老師一次又一次提供好的服務，讓國泰人壽多個單位連續邀約開課，這就是口碑行銷！陶文老師也在瞭解我的專長之後，每逢上課場合，只要發現學員或公司需要應用到人脈管理，他也都會極力推薦我以及我的 OnlyYou 人脈達人軟體，幾個月後，反而換成他介紹我到國泰人壽其他單位開課，成為了我的貴人，這就是 BNI 的精神。

　　另外，再舉一個很棒的異業結盟例子。在其他的分會裡，會員之中有茶葉商和手工皂製造業者。每當開早餐會時，總是聽著他們如何在自己的行業努力著，然而或許是瞭解對方愈多，愈知道雙方合作的可能性，這兩家個別辛苦經營的好東西，有一天決定要合作了，推出手工茶葉皂，結果大受市場的歡迎，三個月就有兩百多萬元的訂單業績，還銷往大陸。

　　如果只對會員銷售茶葉，賣一斤能賺多少錢？一次買手工皂能買多少個？但是因為這樣的異業結盟，讓茶葉和手工皂的身分提升了，成為追求健康環保者的熱愛物，我真是為他們高興！

🤝 付出者收穫，這是個貴人圈

由於這是一個推崇付出者收穫的商務團隊，付出最多的，也是收穫最多的人。BNI 注重的是事業而非業務，每個人都盡可能的跟會員夥伴密切合作而非直接推銷。另外在分會中大家都很注重自己的出席率，因為每次出席都代表增加一次信任，即使出國也會找代理人出席，甚至會把代理人教育的很好，以便精采呈現一分鐘商務簡報，因為你愈認真，別人就愈當真！

有一次，采舍國際集團王寶玲董事長，受 BNI 大興分會律師代表吳挺絹律師之邀出席 BNI 早餐會，正好聽到「設計裝修找其庭、健康幸福一定行」這句 Slogan，留下了深刻的印象，後來，當他新屋需要裝潢時，便透過吳挺絹律師引薦該分會的室內設計師，將兩棟房子、兩百三十萬的設計預算全撥給了這家設計公司。值得一提的是，王董事長出席當天，設計師本人剛好因出國請假，還好請了訓練有素的代理人出席，否則就少了一筆兩百三十萬的生意。

至於剛剛提到幫王董事長引薦的吳挺絹律師，為了回饋分會，願意提供分會的前三十九名加入者企業法律顧問

證書，並贈送價值六萬元十二個小時的律師服務諮詢，不過才送到第十九名時，她就出現來自會員的生意引薦！

我深信，付出愈多，收穫愈大！當我將這個故事告訴我所新創立的長安分會，分會的會計師代表吳國明也跳出來表示要效法此精神，願意提供免費的會計師理財諮詢給所有要加入的會員！攝影師代表廖子賢也在申請入會後第二次會議，扛著大大的行李箱背著重重的攝影器材，在分會籌備時記錄會議點滴，準備在成立大會時播放微電影紀錄片，真是讓人愈來愈期待後續大家爭先恐後的付出者收穫美德。

BNI 另一項特色就是產業連接一條龍服務：例如地產開發、代書、建築師、律師、房屋仲介、室內設計、家具業、建材業、水電等行業，相關產業的結合都是找夠專業，值得信賴、有付出者精神的行業代表加入，因此只要有一個行業接到生意，陸續大家都會有生意，因為一次又一次提供好的服務，所以口碑式行銷讓我們彼此的生意愈來愈好！

參加 BNI 的好處是，除了可以擁有 50 人的免佣金行銷團隊，更棒的是可以讓這些優秀的專業人士成為自己服務

客戶的強力後盾，讓原本和你只是客戶關係的客戶，透過 BNI 團隊服務，強化成為朋友關係，讓你的客戶因為你的豐沛人脈而常常依賴你，所有業務都交給你！

　　用心投入社團聯誼，可能讓你的業績成長百分之三十，然而思考 BNI 產業連接、創造合作契機，則可以讓業績成長百分之三百，這就是 BNI 的魅力所在。如果你認同 BNI 付出者收穫的精神，且你又是所屬行業的專家，歡迎到 http://OnlyYou.tw/BNI 或掃描 QRcode 報名參加 BNI 商務會議，阿寶哥可以安排你當來賓，一起加入 BNI 貴人圈。

　　BNI 是個貴人圈，我在裡面收穫良多，以群英企管顧問吳政宏董事長為例，最早，他是 OnlyYou 人脈達人軟體的模範客戶，當我介紹吳董事長到 BNI 商務會議後，透過他的親身見證與影響力，幫我引薦非常多優質客戶，我也介紹很多創業家接受他的顧問輔導，看到被輔導者事業逐步欣欣向榮，心中非常高興。BNI 是個提升業績、擴大事業版圖的最佳口碑式行銷平台，這是貴人與貴人互相幫襯的最佳體現。相信只要持續付出，就有專業收穫！希望大家都能被貴人包圍，也能與身旁者互為貴人。

如果，你喜歡參與精采、節奏明快的商務簡報會議；如果，你喜歡成員們在熱鬧的氣氛中交流成長經驗和智慧；同時又有熱絡引薦生意的機會；如果，你期待大家可以正面積極的對話，與熟悉的夥伴們直來直往的談論事業，大家互為貴人的交流團體，歡迎你認識 BNI。

貴人圈：OnlyYou.tw/BNI
BNI 官網：www.BNI.com

電視主播
也成了我的好客戶

職業：Being Sport 健身教練
現身說法：運動玩家 陳柏緯
發酵時間：8 個月

使用心得

為什麼總有新客戶不斷找上門？
這是柏緯同事好奇不已也最常問到的問題！上完「人脈達人心法速成班」，透過阿寶哥歸納的 ABC 三項要訣，設計了響亮的 slogan「健康運動找柏緯，擁有活力好充沛。」竟然讓東森氣象主播也成為了我的好朋友，讓我成為她的私人健身教練，也拓展了我個人的知名度，真的太棒了！

達人秘技：<u>01</u> <u>02</u> <u>03</u> 08 09 11 12

門市激增
百萬營業額

店家：聯一西餐
現身說法：李鏽錦 女士
發酵時間：3 個月

使用心得

一個晚上幫我創造百萬業績！
經營招牌菜台塑牛排已經22年的聯一西餐老闆娘李鏽錦說：即使要寄發7~8千位 VIP 常客優惠券，只要透過 OnlyYou 一個晚上就能搞定，實在是方便又有效率！而且意想不到因為使用這樣的發送方式，就讓餐廳的營業額大幅上升！

達人秘技：<u>02</u> <u>03</u> <u>04</u> <u>05</u> 07 10 12

喜宴出席
OnlyYou完全搞定

頭銜：社團達人
現身說法：梁修崑 理事長
發酵時間：2 個月

使用心得

複雜喜宴安排不用費時費力了！
我參與過100多個社團，現任中華華人講師聯盟理事長，OnlyYou 不僅是聯絡會員的好幫手，對個人公關拓展也幫助很大，連小犬的婚禮座位安排也透過其中的 excel 匯入功能來規劃所有細節；詢問賓客人數、葷素、車位、簡訊通知座位安排...等，也省下了一筆請婚禮顧問的費用。

達人秘技：<u>02</u> <u>03</u> 06 <u>07</u> <u>10</u> 12

成交百萬
訂單只需整理舊名片

公司：寶威化妝品廠(股)公司
現身說法：湯碧燕 董事長
發酵時間：3 個月

使用心得

一面之緣的人竟成為新客戶！
利用 OnlyYou 把過去曾交換過的舊名片整理一番，使用阿寶哥「每月照亮」自然而然的關心問候，讓我從舊名片找到新客戶！不需花巨額資金做廣告推廣商品或找客戶，與過去交換名片的人士交流，逐漸加強彼此信任感，就是 OnlyYou 最大價值！

達人秘技：01 <u>02</u> <u>03</u> 04 05 09 <u>10</u>

業績竄升
與謝金燕合拍廣告

職務：錠嵂保險公司 董事
現身說法：江文德 董事
發酵時間：1 年

使用心得

上千筆名單一鍵連結！
保險是最需要人脈的一個事業，透過 **OnlyYou** 每周與大家分享我精選的樂活周報，經過 **5** 年的經營，得到許多優秀菁英加入業務團隊，從處經理到現在成就 **12** 個營業處成為董事。多年來結識各界人才，一鍵按出發送，就能每周與大家保持聯繫，真的是最好用、簡單、又有效率的人脈經營利器！

達人秘技：<u>01</u> <u>02</u> <u>03</u> 07 <u>08</u> <u>09</u> <u>11</u> <u>12</u>

省下1位
秘書人力成本

公司：群英企管顧問公司
現身說法：吳政宏 顧問
發酵時間：5 個月

使用心得

74歲都能得心應手，你也可以！
這是從事專業管理顧問已達 **40** 年的吳顧問親身感受，可以知道 **OnlyYou** 實在非常有效容易學。尤其朋友們透過 **OnlyYou** 收到吳顧問個人化的問候信時，都說：「顧問你這麼忙還時時想到我！」顧問說這真的是他用過最棒，最有效的名片管理軟體了！

達人秘技：01 02 03 08 09 10

OnlyYou人脈達人
12大秘技

01. 24小時黃金問候信
02. 客製化簡訊與電子郵件問候
03. 預約發送簡訊及電子郵件問候
04. 產品市調問卷功能
05. 優惠券Coupon發送
06. 電子賀卡寄發
07. 邀請函功能
08. 信件開啟點選追蹤功能
09. 不受Gmail 500位限制
10. 支援Excel匯入OnlyYou
11. 使用原手機門號發送簡訊
12. 一鍵搞定全年度生日壽星

Action 行動、**B**right 照亮、**C**ontinue 持續

擦亮自己的品牌
挖掘你的人脈
世界是你的舞台

ABoCo 沈寶仁 部落格

ABoCo 沈寶仁 facebook

陸保科技行銷有限公司
10455台北市松江路39號4樓之3
電話 (02) 2515-0002 傳真 (02) 2515-3015
網站 OnlyYou.tw 郵件 VIP@OnlyYou.tw

知名鍍金術

Gold Plated Fame

擦亮別人看你的眼

Positively Changing How Others See You

沈寶仁 老師主講

競爭激烈的商業活動中，如何在同業中脫穎而出？「知名度」可以讓更多人知道你的存在與價值，「知名鍍金術」能擦亮別人看你的眼，讓你成為專門領域中別人推薦的首選，欲打響個人品牌，必需懂得運用「知名鍍金術」，個人品牌時代來臨，如何建立個人品牌？如何讓自己鍍金？讓「知名鍍金術」告訴你！

知名鍍金術·精選課程大綱

DVD 4-1
知名鍍金術觀念篇
★專業+知名度可以改變全世界
★自我介紹是打響知名度的第一步
　建立知名度的核心關鍵
★找一句呈現你價值的響亮口號
　知名鍍金術四項隨身法寶
　成為你專業領域中的品牌達人
　善用數位相機經營個人品牌的祕訣
　建立信任感的捷徑
　建立知名度的步驟
　觀察知名度的工具

DVD 4-2
知名鍍金術定位篇
★定位決定地位&反敗為勝自我定位術
　金氏紀錄自我定位術
　善用定位優勢貢獻貴人

DVD 4-3
知名鍍金術宣傳篇
★定位＋宣傳可以讓知名度鍍金
★打造黃金人脈 ABC 三部曲
　建立知名度的捷徑
　我的品牌手工書
　把自己的名字當成品牌經營

DVD 4-4
知名鍍金術改變篇
　建立知名度必備的四顆心
★複雜的事情簡單化、簡單的事情重複做
★改變的力量

打★號為1小時精華版內容
知名鍍金術DVD完整版5小時5分
原價2000元，上網購買另有優惠。
購買網址：OnlyYou.tw
購買專線：(02)2515-0002

沈寶仁

專長課程／EMBA沒教的人脈學、EMBA沒教的貴人學、三招響亮你品牌
DVD影音著作／現代人的軟實力、知名鍍金術-擦亮別人看你的眼
文字著作／把陌生人變貴人：阿寶哥教你平民翻身的人脈學、數位文件管理達人、人脈經營寶典
電腦軟體著作／OnlyYou人脈達人軟體 國家發明專利 (發明I401579號)

把陌生人變貴人
阿寶哥教你平民翻身的人脈學

作　　者／ABoCo沈寶仁
美術設計／Chris' office 申朗創意
企畫選書人／賈俊國

總 編 輯／賈俊國
副總編輯／蘇士尹
行銷企畫／張莉滎、廖可筠

發 行 人／何飛鵬
法律顧問／台英國際商務法律事務所　羅明通律師
出　　版／布克文化出版事業部
　　　　　台北市民生東路二段141號8樓
　　　　　電話：02-2500-7008
　　　　　傳真：02-2502-7676
　　　　　Email：sbooker.service@cite.com.tw
發　　行／英屬蓋曼群島商家庭傳媒股份有限公司城邦分公司
　　　　　台北市中山區民生東路二段141號2樓
　　　　　書虫客服服務專線：02-25007718；25007719
　　　　　24小時傳真專線：02-25001990；25001991
　　　　　劃撥帳號：19863813；戶名：書虫股份有限公司
　　　　　讀者服務信箱：service@readingclub.com.tw
香港發行所／城邦（香港）出版集團有限公司
　　　　　香港灣仔駱克道193號東超商業中心1樓
　　　　　電話：+86-2508-6231　　傳真：+86-2578-9337
　　　　　Email：hkcite@biznetvigator.com
　　　　　馬新發行所／城邦（馬新）出版集團 Cit　（M）Sdn. Bhd.
　　　　　41, Jalan Radin Anum, Bandar Baru Sri Petaling,
　　　　　57000 Kuala Lumpur, Malaysia
　　　　　電話：+603- 9057-8822　　傳真：+603- 9057-6622
　　　　　Email：cite@cite.com.my
馬新發行所／城邦（馬新）出版集團 Cité（M）Sdn. Bhd.
　　　　　41, Jalan Radin Anum, Bandar Baru Sri Petaling,
　　　　　57000 Kuala Lumpur, Malaysia
　　　　　電話：+603-9057-8822　　傳真：+603-9057-6622
　　　　　Email：cite@cite.com.my
印　　刷／卡樂彩色製版印刷有限公司
初　　版／2014年（民103）6月
初版4.5刷／2015年（民104）5月
售　　價／280元

城邦讀書花園
www.cite.com.tw　WWW.SBOOKER.COM.TW
布克文化

重點
對的事重複做

目的
輕鬆建立
個人品牌

Continue
持續

請簽名

透過「持續」，你的名字就是「品牌」！

ABC黃金人脈心法結緣日：　　　年　　月　　日